RECHERCHES

SUR LA

DISTRIBUTION GÉOGRAPHIQUE

DES

VÉGÉTAUX PHANÉROGAMES

DE L'ANCIEN-MONDE,

DEPUIS L'ÉQUATEUR JUSQU'AU PÔLE ARCTIQUE;

Suivies de la description de neuf espèces de la famille des AMENTACÉES.

PAR M. MIRBEL,

De l'Académie royale des Sciences, Professeur-adjoint à la Faculté des Sciences
de Paris.

EXTRAIT DES MÉMOIRES DU MUSÉUM D'HISTOIRE NATURELLE.

PARIS,

DE L'IMPRIMERIE DE A. BELIN,

RUE DES MATHURINS S.-J., N°. 14.

1827.

RECHERCHES

Sur la distribution géographique des végétaux phanérogames dans l'Ancien Monde, depuis l'équateur jusqu'au pôle arctique.

PAR M. MIRBEL.

Nous sommes encore loin de l'époque où il sera possible d'écrire une bonne géographie botanique. Ce que nous savons sur les climats et la végétation est peu de chose en comparaison de ce qui nous reste à apprendre. Il y auroit de la témérité à juger de l'inconnu par le connu; le plus sûr est de se borner à recueillir et classer les faits, laissant à ceux qui viendront après nous le soin de découvrir et de développer la théorie.

Ces réflexions ne sont pas nouvelles pour moi; elles m'avoient déterminé d'abord à ne travailler que sur des familles isolées. J'ai publié, il y a quelque temps, un *Essai sur la géographie des Conifères*. Depuis, j'ai rédigé un essai sur les Amentacées; tout étoit prêt pour sa publication, lorsqu'en relisant mon manuscrit, je reconnus qu'il y avoit une disproportion choquante entre l'objet principal de mon travail et les considérations générales qui l'accompagnoient. Il sembloit que l'histoire géographique des Amentacées n'étoit qu'un accessoire : à l'occasion de cette famille je traitois de la végétation de tout le globe. Ce vice de composition me fit comprendre que si je persistois à isoler les familles, je devois me borner à distribuer dans des tableaux synoptiques, les noms des plantes et des pays. Un tel résultat ne valoit pas la peine que j'avois prise d'extraire des écrits d'un grand nombre de voyageurs et de naturalistes tout ce qui avoit trait à la géographie des végétaux. J'ai donc renoncé à mon projet, mais je n'ai pas voulu perdre le fruit de mes recherches. Pour en tirer parti, j'ai dû considérer la végétation sous un point de vue plus élevé. Le Mémoire que je présente aujourd'hui n'est qu'une mince portion du travail que j'ai entrepris, et dont je donnerai la suite plus tard.

CONSIDÉRATIONS GÉNÉRALES

Sur la Géographie botanique, suivies d'un Tableau de la végétation phanérogame de l'Europe, des côtes méditerranéennes de l'Afrique et de quelques contrées de l'Asie septentrionale.

Les pôles et les terres situées entre les tropiques offrent les deux extrêmes de la température atmosphérique. Ici, une chaleur forte et soutenue entretient une végétation variée, vigoureuse et perpétuelle. Là, un refroidissement à nul autre semblable confond les saisons et les années dans un hiver permanent, et repousse toute végétation.

A partir de quelques degrés en deçà des tropiques jusqu'aux glaces du pôle, la température partage nettement l'année en deux périodes végétales : la chaude ou celle des développemens, la froide ou celle du repos. Plus celle-ci s'approche du tropique, et plus sa température s'élève ; plus celle-là s'approche du pôle, et plus sa température s'abaisse. L'une et l'autre tiennent d'autant moins de place dans l'année, qu'elles sont plus éloignées de leur point de départ.

On a remarqué que la température de la période des développemens déclinoit plus lentement en s'éloignant des tropiques, que la température de la période du repos en se rapprochant du pôle. Aussi arrive-t-il souvent que dans les contrées du nord les chaleurs de l'été sont très-vives, quoique les hivers soient très-longs et très-rigoureux.

Ces idées générales, toutes vulgaires qu'elles sont, ne paroîtront pas déplacées comme introduction d'un travail dont le but est de montrer la marche graduelle des végétaux de l'Ancien Monde, depuis l'équateur jusqu'au pôle boréal, et la liaison de ce phénomène avec le décroissement progressif de la température.

L'activité vitale des plantes se manifeste par une série de développemens qui s'opèrent chacun sous l'influence d'une quantité très-variable de chaleur, de lumière et de temps, dont le *minimum* et le *maximum* diffèrent pour chaque espèce. Au-delà de cette limite, les développemens ne se font pas, ou s'arrêtent avant d'avoir atteint le degré de perfection nécessaire à la propagation des races, ou même à la conservation des individus. Dans les contrées où les hivers suspendent la végétatiou, les arbres, les arbrisseaux et les sous-arbrisseaux, pendant ce sommeil périodique des forces vitales, supportent un abaissement de température plus considérable que celui qui leur deviendroit fatal à l'époque des développemens.

Mais le froid n'est impuissant que là où les chaleurs sont suffisantes pour fermer complétement le cercle de la végétation; car si le tissu nouvellement développé n'est pas achevé, mûri, endurci au retour des frimats, il court risque d'être désorganisé par les moindres gelées. De là vient que de fortes chaleurs sont, pour beaucoup de végétaux, un sûr préservatif contre des hivers rigoureux, tandis que de foibles chaleurs ne les sauroient protéger contre des hivers modérés. Sous le climat de Paris, nous n'avons garde de mettre en pleine terre le Pistachier et le Laurier-rose; nous savons qu'ils ne supporteroient pas nos hivers. Cependant les jardiniers attachés à l'ambassade de lord Mackartney ont trouvé le Laurier-rose dans le Pé-Tché-Li, aux environs de Pékin. Le véridique Chardin, dont l'autorité est fortifiée en ce point, comme en tant d'autres, par celle de ses successeurs, dit que le Pistachier vient à Casbin, et il ajoute même que les pistaches qu'on y recueille sont plus grosses qu'en Syrie. Or, les hivers de Casbin et de Pékin sont rudes en comparaison des nôtres; mais en revanche, les étés des deux cités asiatiques sont beaucoup plus chauds que ceux de Paris. La température estivale de Pékin égale presque celle du Caire, et surpasse celle d'Alger. Ces exemples, qu'il me seroit facile de multiplier, démontrent qu'on ne doit pas attribuer exclusivement le phénomène de la distribution géographique des végétaux à l'influence de la température de l'une ou de l'autre période; rien n'étant plus certain que les deux périodes sont dans une mutuelle dépendance et concourent au même but.

C'est ici le lieu de parler de l'influence directe de l'hiver sur les végétaux indigènes des contrées extra-tropicales; influence aperçue par tout le monde, mais que peu de personnes ont pris soin d'apprécier à sa juste valeur.

Le froid hivernal, en arrêtant l'action vitale, ou du moins en la rendant extrêmement foible, plonge le végétal dans une sorte de léthargie qui n'a rien de commun avec le sommeil des animaux, destiné à réparer leurs forces épuisées par l'usage qu'ils en ont fait. L'engourdissement de la plante commence à l'époque où tous les développemens annuels sont accomplis. Alors le végétal est semblable à la graine mûre; il reste en repos tant que le froid se fait sentir. Le printemps le retrouve à peu près au même point où l'hiver l'avoit surpris. Avec le printemps revient la chaleur qui ranime la végétation. Si l'hiver devançoit le terme des développemens annuels; ou si, ne venant qu'après eux, il n'en éloignoit pas le retour, le végétal seroit en danger de mort. Voilà précisément ce qui arrive pour les arbres et les arbrisseaux des climats chauds que nous exposons aux climats du nord. L'engourdissement hivernal a donc pour effet de soustraire le végétal à l'action délétère du froid et de le faire arriver sain et sauf à la période des développemens. D'où il suit que la même cause, je veux dire l'hiver, agissant sur des organisations végétales différentes, ne souffre pas que les unes s'éloignent des tropiques, et permet aux autres d'approcher du pôle. La propriété de résister au froid de l'hiver est si étendue chez quelques espèces, que nous n'en connoissons pas la limite. Dans la Nouvelle-Bretagne, aux environs du Fort-Entreprise, par 64° 30′, un froid de 49 à 50° n'altère pas la constitution du Pin banksien, des Sapins blanc, noir et rouge, du Melèze à petits fruits et de plusieurs Amentacées. En Sibérie, sur les rives du Kovyma, par 65° 28′, le Melèze d'Europe, le Cembro, le Genèvrier, le Bouleau, l'Aune blanc, résistent à des hivers qui font descendre le mercure à 53 ou 54 degrés (1).

La chaleur de l'atmosphère ne suffit pas pour amener les développemens à leur perfection, il faut encore le contact immédiat des rayons solaires, soit qu'ils agissent par la lumière ou par la chaleur qu'ils produisent, soit qu'ils agissent par ces deux causes réunies. M. de Humboldt, dont les travaux sur la géographie botanique seront toujours cités, a fait voir que c'étoit moins faute d'une chaleur atmosphérique assez forte que d'une lumière solaire assez vive, que la Vigne ne mûrissoit pas ses fruits sous le ciel brumeux de la Normandie. Le rapprochement et la comparaison des phénomènes m'avoient déjà appris que la vivacité des rayons lumineux ou leur action non interrompue pendant une longue suite de jours, étoit la cause principale de l'étonnante rapidité des développemens des plantes alpines ou hyperboréennes (2). Les physiciens qui, faisant abstraction de la

---

(1) Toutes les températures dont je fais mention dans ce Mémoire ont été ramenées par le calcul aux degrés du thermomètre centigrade.

(2) Les végétaux privés de lumière s'alongent, poussent des tiges grêles et blanchâtres, ont un tissu lâche, et ne prennent aucune consistance; en uu mot ils s'étiolent. L'effet des rayons lumineux sur ces êtres organisés consiste particulièrement à séparer les élémens de l'eau et de l'acide carbonique qu'ils contiennent, et à dégager l'oxygène de ce dernier. Le carbone de l'acide avec l'hydrogène et l'oxygène de l'eau, produisent les gommes, les résines, les huiles qui coulent

température atmosphérique, parviendroient à mesurer l'influence immédiate des rayons solaires sur la végétation à différentes hauteurs et latitudes, rendroient un service immense à la science.

Partout où la nature se charge seule de la culture de la terre, elle n'y fait naître que les végétaux qui y trouveront toutes les conditions indispensables à leurs développemens successifs et à leur reproduction. Mais quand l'homme transporte des végétaux dans un climat différent de celui dont ils sont indigènes, il faut que son industrie leur rende, sous peine de les voir languir ou périr, tous les avantages qu'ils trouvoient dans leur ancienne patrie, à moins que la nouvelle ne leur offre des équivalens que nous ne saurions apprécier d'avance. D'après quels indices aurait-on conjecturé il y a quelques siècles qu'un jour le Myrte et *l'Arbutus unedo* de l'Asie mineure croîtroient sans abri, le premier en Angleterre, dans le Cornouailles, le second en Irlande, dans le Kerry? Souvent quand le résultat de la comparaison des climats

---

dans les vaisseaux ou qui remplissent les cellules. Ces sucs nourrissent les membranes et les amènent à l'état ligneux, résultat d'autant plus marqué que la lumière est plus vive et que son action est plus prolongée. L'obscurité et la lumière produisent donc sur la végétation deux effets absolument opposés : l'obscurité, en entretenant la souplesse des parties végétales, favorise leur alongement; la lumière, en aidant à leur nutrition, les consolide et arrête leur croissance. Il suit de là qu'une belle végétation, je veux dire celle qui réunit dans une juste mesure la grandeur et la force, dépend en partie de l'alternative heureusement ménagée des jours et des nuits. Or les plantes hyperboréennes se développent à l'époque où le soleil ne quitte plus l'horizon, et la lumière qui agit incessamment sur elles, les endurcit avant qu'elles aient eu le temps de s'alonger. Leur végétation est active, mais courte; elles sont robustes, mais petites. Mirbel, *Elém. de Physiol. végét.*, vol. 1, p. 437.

semble une garantie du succès, notre espérance est déçue. Combien d'espèces exotiques cultivées chez nous en plein air se ressèment sans pouvoir néanmoins se reproduire! combien ne donnent que des feuilles et des fleurs! combien ne donnent que des feuilles! que signifie cela, sinon que le climat sous lequel on les a condamnées à végéter consent à recevoir les individus comme des êtres passagers, mais ne veut pas adopter les races? On a beaucoup parlé de *l'acclimatation* des espèces, c'est-à-dire de l'art de les accoutumer insensiblement à un climat qui leur est contraire. Je connois nombre d'espèces dont on a satisfait les besoins par des procédés plus ou moins ingénieux, mais je ne pense pas qu'il y ait un seul individu dont on soit parvenu à modifier le tempérament. S'il arrive de temps à autre que des espèces étrangères se mêlent aux indigènes, qu'elles se propagent comme elles, que même elles leur disputent la possession du sol, ce n'est assurément pas l'ouvrage de l'homme : le climat seul donne ces lettres de naturalisation.

Quoi qu'il en soit, les espèces que le cultivateur pousse au-delà de leurs limites naturelles méritent une attention particulière. Leur émigration forcée, soumettant à l'épreuve d'un nouveau climat toutes les phases de leur vie, révèle à l'observateur les conditions de leur existence.

Puisqu'il y a pour chaque espèce des *minima* et des *maxima* de température au-delà desquels elle ne peut plus vivre, la température trace sur le globe des limites ou lignes d'arrêt que les différentes espèces ne sauroient dépasser. Ces lignes sont marquées vers l'équateur par l'élévation de la température, et vers les pôles par son abaissement.

C'est moins par l'étendue des terres sur lesquelles une espèce se propage qu'il convient de mesurer sa *puissance expansive*, que par la différence plus ou moins grande entre les températures des divers climats qu'elle habite. En effet, l'objet principal de la géographie botanique est de montrer les relations des végétaux avec les climats ; or, la température est, de toutes les circonstances climatériques, celle qui a l'influence la plus décisive sur la végétation. Je suppose une vaste contrée dont le climat seroit partout le même, et dont par conséquent la température, distribuée de la même manière, seroit partout isotherme dans chaque moment donné : pourrait-on soutenir avec quelque apparence de raison qu'une espèce qui parcourroit cette contrée dans toute son étendue et n'en sortiroit pas, auroit une grande puissance expansive ? Nullement ; car pour l'espèce en question, les conditions d'existence restant toujours les mêmes, sa présence dans les différentes localités ne seroit que la répétition du même phénomène. Mais si, dans un espace moins considérable, une autre espèce trouvoit des températures très-diverses, et que sa constitution, à la fois robuste et flexible, s'accommodât également de climats chauds, temperés ou froids, quel observateur seroit tenté de nier que cette espèce eût une grande puissance expansive ? Ces deux hypothèses, qui ne diffèrent des faits connus que parce qu'elles en exagèrent la vérité, font sentir combien il importe aux botanistes d'étudier les rapports de la température avec la végétation. Quand nous considérons que la Vigne est cultivée dans les plaines de l'Indoustan et de l'Arabie, entre le 13e et le 15e parallèles, qu'elle est cultivée sur les bords du Rhin et du Mein sous le 51e, qu'elle est cultivée au Thibet à 15 à 1800 toises de hauteur perpendiculaire, sous le 32e, ce qui nous frappe et nous intéresse le plus, n'est pas que la Vigne habite des pays si éloignés les uns des autres, ou qu'elle s'élève à une si grande hauteur au-dessus du niveau de la mer, mais qu'elle jouisse à un degré si éminent de la propriété de se plier à tant de climats divers; propriété, il faut en convenir, beaucoup plus restreinte dans un grand nombre de végétaux qui, partis de l'équateur, touchent les deux tropiques sans jamais les dépasser; car nonobstant la distance plus considérable entre le 23e parallèle austral et le 23e parallèle boréal qu'entre le 14e et le 51e parallèles, les différences climatériques sont bien moindres d'un tropique à l'autre, que du fond de l'Indoustan aux rives du Mein.

Quand on suit les mêmes méridiens des pôles à l'équateur, et que l'on fait abstraction des accidens locaux qui contrarient de temps en temps la marche normale des phénomènes, on voit que les richesses végétales se multiplient en raison de l'élévation croissante de la température annuelle et de la plus longue durée de la période des développemens. On peut donc établir une progression numérique des espèces, croissante ou décroissante, selon que l'on descend les latitudes ou qu'on les remonte.

On compte cent cinquante à cent soixante familles de plantes phanérogames dans l'Ancien Monde : toutes, sans exception, figurent entre les tropiques. Par-delà ces limites, un grand nombre d'entre elles s'éteignent successivement. Dans les contrées boréales, sous le 48e degré, il n'y en a guère que la moitié qui soit représentée; il n'y en a pas quarante

sous le 65ᵉ degré : il n'y en a que dix-sept au voisinage des
glaces polaires.

S'il étoit permis de se former une opinion d'après des notions très-positives, mais qui sont loin d'être complètes, je
dirois qu'entre les tropiques le nombre des espèces ligneuses,
arbres, arbrisseaux et sous-arbrisseaux, égale, s'il ne surpasse,
celui des espèces herbacées annuelles, bisannuelles et vivaces. Le rapport des espèces ligneuses aux espèces herbacées
annuelles, bisannuelles et vivaces, décroît de l'équateur au
pôle ; mais par une sorte de compensation, le rapport des
herbes vivaces aux herbes annuelles et bisannuelles va croissant. Près du terme de la végétation il est au moins de vingt-
quatre à un.

Cette échelle végétale, avec des circonstances analogues à
celles que je viens de noter, a été observée également dans
les montagnes. Les plaines situées à leur pied sont pour
elles ce que sont les régions équatoriales pour les deux hémisphères. Le nombre des espèces et des familles, le rapport
des espèces ligneuses aux espèces herbacées, le rapport des
espèces annuelles aux espèces vivaces, diminuent de la base
au sommet des montagnes, et chaque station offre une végétation qui lui est propre. Ici, comme dans les plaines, la
température trace les lignes d'arrêt. Plus on s'élève au-dessus du niveau de la mer, moins est chaude et longue la
période des développemens, et par conséquent plus est
froide et prolongée la période du repos. Que les causes qui
déterminent le décroissement progressif de la température
soient autres qu'à la surface plane et basse de la terre ; qu'en
rase compagne le refroidissement marche beaucoup plus

vite durant la période du repos que durant la période des développemens; que sur les montagnes il soit un peu plus accéléré durant la période des développemens que durant celle du repos, je ne pense pas que cela infirme la comparaison, si les résultats généraux de la végétation sont les mêmes, et si les différences s'expliquent d'une manière satisfaisante, soit par la graduation particulière de la température, soit par des circonstances climatériques qui lui sont étrangères, soit enfin par les qualités diverses du sol.

Je suis si frappé de la ressemblance des résultats, que je n'éprouve aucune répugnance à comparer les deux hémisphères de notre globe à deux énormes montagnes réunies base à base, portant sur leurs larges flancs une innombrable quantité de végétaux et chargées à leur sommet d'un épais et vaste chapeau de neiges permanentes.

Les botanistes, pour exposer avec méthode et clarté la succession des végétaux sur les pentes des Pyrénées, des Alpes, des Carpathes, du Caucase, des Andes, etc., se sont appliqués à déterminer la hauteur des lignes d'arrêt des espèces qui caractérisent le mieux les diverses stations; et, par ce moyen, ils ont partagé horizontalement la surface des masses proéminentes du globe en grandes bandes ou régions végétales. Le même procédé a été employé pour les deux hémisphères, mais non pas avec autant de succès: les difficultés sont incomparablement plus grandes.

De la base au sommet des montagnes, la température poursuit sans intermittence une marche descendante plus ou moins rapide, selon les hauteurs des stations. Il n'en est pas ainsi dans les plaines. A la vérité, le refroidissement progressif considéré dans l'ensemble des phénomènes est de toute évidence ; mais quand on vient aux faits particuliers, on reconnoît que souvent des circonstances locales précipitent ou retardent la marche de la température, ou même quelquefois lui font prendre une direction rétrograde. Ici, une chaîne de montagnes forme un abri contre les vents glacés du nord, et renvoie sur les végétaux la chaleur qu'ils reçoivent des rayons solaires ; là, le soufle brûlant du midi élève la température atmosphérique ; plus loin, les hivers sont modérés par le voisinage de la mer ; ailleurs, toutes ces causes réunies donnent naissance à un climat si doux, qu'à ne juger la position géographique que par les indications du thermomètre, on croiroit que la latitude est beaucoup plus basse qu'elle ne l'est en effet. Il y a aussi des causes locales de refroidissement. Qui sait à quel degré s'échaufferoit l'atmosphère des déserts de l'Arabie et de l'Egypte, si durant la nuit les sables ne perdoient par le rayonnement la chaleur excessive qu'ils acquièrent à l'ardeur du jour ? Rien n'est plus rare que des plaines exactement de niveau avec la mer, et personne n'ignore que cent ou deux cents toises d'élévation suffisent déjà pour produire un abaissement notable dans la température. Celle-ci à son tour exerce son empire sur les végétaux ; elle incline, elle redresse, elle efface leurs lignes d'arrêt. Tantôt ce sont les espèces du nord qui s'enfoncent vers le tropique ; tantôt celles du midi qui remontent vers le nord, et quelquefois des groupes appartenant à ces races distinctes, font échange de patrie, se croisent, et, chacun de leur côté, s'en vont établir des colonies dans des stations privilégiées, au milieu de populations végétales

auxquelles elles ne sont pas moins étrangères par la physionomie que par le tempérament.

A travers tant d'anomalies et d'irrégularités, quelle patience
ne faut-il pas pour suivre la trace des espèces, fixer leur con-
cordance avec les climats, tracer leurs lignes d'arrêt, et former des zones qui donnent une idée juste de la marche géné-
rale de la végétation! Je dois le dire, la plupart des voyageurs
n'offrent sur les végétaux, les climats, les températures, que
des documens incomplets, vagues, inexacts, perdus dans de
volumineuses relations sans intérêt direct pour le botaniste.
Les physiciens eux-mêmes ont rarement employé le thermomètre en vue d'éclairer les phénomènes de la végétation (1).
Ce seroit en vain que l'on s'appliqueroit à découvrir la distribution graduée de la température, et son influence journa-
lière sur les actes de la vie des plantes, dans des tableaux où
des milliers d'observations se trouvent réduites presque toujours, pour les mois comme pour les années, à la demi-somme
des deux températures extrêmes, très-improprement dési-
gnée sous le nom de *température moyenne*. Les nombres
obtenus par ce procédé ne donnent aucune idée vraie de la
distribution de la chaleur. Aussi arrive-t-il que la ligne d'arrêt
de beaucoup de végétaux touche des stations de températures
moyennes très-différentes. Les exemples en sont plus fréquens

---

(1) En ma qualité de botaniste, on me pardonnera cette remarque. Il seroit à
désirer, pour les progrès de la géographie botanique, qu'à l'avenir les voyageurs
portassent dans leurs recherches ce génie d'observation qui caractérise les écrits de
MM. de Humboldt, Ramond, Wahlenberg, Schouw, de Buch, Parrot, Hamilton, etc.

sous les hautes que sous les basses latitudes, parce que la température hivernale, dont il faut nécessairement faire état quand on calcule les moyennes, peut varier à l'infini, sans nuire aux espèces que la Nature a fabriquées pour les pays froids.

De tous les botanistes qui ont étudié l'influence de la température sur la végétation, Wahlenberg me paroît celui qui s'est approché le plus près du but. Ses intéressantes observations sur le Bouleau contiennent le premier germe de recherches aussi neuves qu'instructives. J'ai la conviction que l'histoire physique d'une vingtaine d'arbres, écrite à domicile, jour par jour, pendant plusieurs années, sous des latitudes différentes, donneroit la solution des problèmes les plus compliqués de la géographie végétale. Mais en attendant ce travail, il n'est pas inutile de mettre en ordre les faits constatés, et de tirer de leur coexistence les conséquences les plus probables.

Dans l'Ancien continent, depuis l'équateur jusqu'au pôle arctique, on peut distinguer cinq régions végétales, savoir : la zone équatoriale, la zone de transition tempérée, la zone tempérée, la zone de transition glaciale et la zone glaciale.

Partout où aucune limite accidentelle n'arrête ces zones dans leur expansion normale, je les compare aux couleurs du prisme, qui se fondent les unes dans les autres par leurs bords, de sorte que l'œil ne sauroit les séparer, alors même qu'il les distingue parfaitement. Pour marquer le terme des différentes zones, le moyen le plus sûr est de prendre pour limite de chacune d'elles les points d'arrêt des espèces qui, caractérisant le mieux sa flore particulière, cessent de se propager sitôt que des changemens notables et généraux dans les températures annuelles amènent sur la scène une flore nouvelle.

Il m'est impossible de faire l'application de ce procédé à la zone équatoriale, parce que des sables et des chaînes de montagnes y contrarient trop souvent l'expansion normale de la végétation. Je suis plus heureux en remontant vers le nord. La zone de transition équatoriale trouve une limite naturelle dans la ligne d'arrêt de l'Olivier; la zone tempérée dans la ligne d'arrêt du Chêne commun; la zone de transition glaciale dans la ligne d'arrêt du Pin sylvestre en occident, et du Mélèze en orient. Quant à la zone glaciale, je la divise en deux bandes: l'inférieure ou méridionale, la supérieure ou septentrionale. L'une et l'autre n'offrent aucun arbre; la première nourrit encore beaucoup d'arbrisseaux ou arbustes, et finit où ils s'arrêtent (1); la seconde ne nourrit guère que de petites herbes vivaces, et finit où commencent les neiges permanentes (2). Les espèces de la zone

(1) Arbrisseaux et arbustes de la bande méridionale de la zone glaciale: 15 *Salix*, *Betula nana*, *pumila*, *glandulosa* (*Betula alba*, sur les côtes méridionales du Groënland); *Alnus incana*; *Juniperus communis*; *Azalea procumbens*; *Menziesia cœrulea*; *Ledum palustre* et *latifolium*; *Diapensia lapponica*; *Vaccinium pubescens*, *uliginosum* et *vitis idæa*; *Oxycoccos palustris*; *Kalmia glauca*; 8 *Andromeda*; *Arbutus alpina*; *Empetrum nigrum*; *Erica vulgaris*; *Rhododendrum lapponicum*; *Potentilla fruticosa* (*Sorbus aucuparia*, côtes méridionales du Groënland).

(2) Arbustes de la bande septentrionale de la zone glaciale: *Salix arctica* et *polaris* (*Salix reticulata*, passe du Prince régent, par 73° 43'); *Andromeda tetragona*.

glaciale ne forment qu'une seule et même flore en Asie, en Europe et en Amérique.

J'offre ici le tableau comparatif de la végétation de plusieurs contrées des quatre zones septentrionales. Je ne me dissimule pas ses imperfections; les nombres ne sont qu'approximatifs; toutes les flores connues sont plus ou moins incomplètes: cependant les espèces décrites suffisent déjà pour donner des idées générales assez justes de la végétation des pays que j'examine.

Le lecteur se demandera pourquoi la zone équatoriale ne figure pas dans mon tableau; la raison en est simple : après avoir fait, défait, remanié vingt fois le travail, j'ai pensé qu'il valoit mieux le supprimer que de remplir mes colonnes de nombres qui, étant très-éloignés de la vérité, ne conduiroient à aucun résultat certain. On ne sait rien de l'intérieur de l'Afrique; et quant à l'Indoustan, la majeure partie des découvertes des botanistes anglais sont encore inédites. Chaque volume qu'ils publieront nous donnera d'autres nombres et d'autres proportions: il faut donc attendre.

Pour chaque zone, j'inscris dans la première colonne le nombre total des espèces indigènes appartenant à chaque famille. En additionnant les nombres partiels des espèces ligneuses et des espèces herbacées, distribuées séparément dans des colonnes distinctes, on obtiendra quelquefois un chiffre plus foible que celui que donne le total, parce que je n'ai porté en compte, dans ces colonnes, que les espèces sur la durée et la consistance desquelles je n'avois aucun doute. La même observation est applicable aux nombres partiels des espèces herbacées vivaces, et des annuelles et bisannuelles relativement au total des espèces herbacées.

Je n'ai composé ce tableau qu'après avoir consulté les *Species*, les flores particulières, et les relations de voyages qui méritoient le plus de confiance.

LA ZONE ÉQUATORIALE DANS L'ANCIEN MONDE.

La zone équatoriale des botanistes n'est pas limitée par les tropiques comme la zone équatoriale des géographes; elle ne s'arrête que lorsque l'abaissement de la température repousse la plupart des formes végétales de l'équateur. Dans notre hémisphère, celles-ci atteignent quelquefois le 3o⁰ ou 32ᵉ parallèle.

La durée plus égale des jours et des nuits, l'ardeur plus vive des rayons solaires, l'élévation permanente de la température atmosphérique, assurent à cette zone la supériorité sur les autres par l'abondance, la vigueur, la variété, le luxe des productions végétales.

La moyenne température annuelle des basses plaines de l'Afrique et de l'Asie est quelquefois de $+$ 29° au voisinage de l'équateur. Cette moyenne décline à mesure que l'on se rapproche de la limite extrême de la zone équatoriale. A Calcutta (lat. 22° 34'), la moyenne n'est plus que de $+$ 26°. Je ne pense pas qu'en général elle soit au-dessous de $+$ 22° à 23° vers le 30ᵉ parallèle, si ce n'est sur les côtes orientales de l'Asie. Dans toute la zone, la différence entre la moyenne du mois le plus chaud et du mois le moins chaud ne paroît pas dépasser 15° en plaine; elle est ordinairement beaucoup plus foible, surtout près de l'équateur. Les calculs de Cotte ne la portent qu'à 4° à Pondichéry (lat. 11° 53'), dont la moyenne annuelle est $+$ 29°,5. D'après les observations du docteur Oudney, la différence a été depuis mars 1823 jusqu'à la fin de juillet 1824 de 12°,25, à Kouka dans le Bournou, par 13° de lat. ; mais il n'est pas inutile de remarquer que les deux moyennes comparées étoient + 34° pour avril 1823, et + 22°,25 pour janvier 1824.

Kathmandou offre la preuve que la température équatoriale se fait sentir dans les montagnes au-delà du 27ᵉ parallèle. Kathmandou gît sous 27°,40' de lat., à 644 toises (4140 pieds anglais) d'élévation au-dessus du niveau de la mer, et sa moyenne annuelle atteint + 16 à 17°.

Les espèces qui donnent à la végétation équatoriale un caractère particulier, soit par l'accroissement prodigieux des tiges en longueur ou en épaisseur, soit par l'élégance tout ensemble simple et majestueuse des formes, soit par les grandes dimensions ou le brillant coloris des feuilles et des fleurs, soit enfin par une certaine magnificence sauvage et bizarre que je ne saurois définir, éprouvant presque toutes le besoin d'une haute température aussi permanente que possible, ne franchissent guère le 22ᵉ ou 23ᵉ parallèle. Au-delà, quoique la végétation équatoriale soit encore présente, elle n'offre plus avec la même prodigalité ces grands traits exotiques que l'œil saisit d'abord, et ce n'est souvent que par les caractères spécifiques ou génériques qu'elle se fait connoître.

Jamais au bord des grands cours d'eau et dans les terres marécageuses la végétation n'est interrompue par les chaleurs équatoriales, quelque fortes qu'elles soient ; mais dans l'intérieur des plaines, quand la dévorante ardeur d'un soleil que ne tempère l'apparition d'aucun nuage a tari les sources, desséché le sol et consumé les herbes, il semble que les arbres et les arbrisseaux, épuisés par la transpiration, sont privés de vie. Les Cattingas, ces immenses forêts du Brésil, si éloquemment décrites par mon savant confrère, M. Martius, dépouillées de leur feuillage, présentent sous un ciel embrasé, le triste aspect des forêts de l'Europe centrale à l'époque où la terre est couverte de frimats. Chose admirable ! deux influences contraires, la chaleur et le froid, produisent exactement le même effet, la première sur les arbres de la zone équatoriale, la seconde sur les arbres des zones septentrionales. Ceux-ci ne résisteroient pas à des chaleurs excessives; ceux-là succomberoient au moindre froid: les uns et les autres se maintiennent en vigueur et santé à la place qui leur a été marquée par la Nature.

Presque partout la limite septentrionale de la zone équatoriale est donnée par des accidens de localité, qui souvent contrarient plus ou moins la marche normale de la température. En Chine, autant qu'il m'est permis d'en juger par des relations très-vagues, les monts Milins, et plus encore le climat oriental, refoulent la végétation équatoriale jusque vers le tropique. Aux Indes, l'imposante barrière de l'Himalaya sépare brusquement le Thibet de l'Indoustan; et, tandis que de ce côté une température chaude et soutenue appelle sur les premiers gradins des montagnes les riches et nombreuses productions des plaines équatoriales, de l'autre côté de longs hivers, déployant leur rigueur sur de hauts plateaux, livrent aux végétaux de la zone tempérée des contrées qui sembloient destinées par leurs latitudes à recevoir

les espèces de la zone de transition tempérée. A l'ouest du
Népaul, toujours dans les Indes, des déserts de sable mouvant tiennent à grande distance l'une de l'autre la végétation
de l'Indoustan et celle du Caboulistan. En Perse et dans la
Turquie d'Asie, encore des montagnes, encore des déserts,
et ils se continuent par l'Arabie pétrée, l'Egypte, le Fezzan, la Barbarie jusqu'aux plages occidentales que baigne
l'Océan Atlantique.

Au sein des déserts on cherche et rarement on trouve des
points de contact entre les deux végétations. De loin à loin,
des sources entretiennent une humidité suffisante au développement de quelques espèces ligneuses ou herbacées; mais ces
dernières ont une trop courte durée pour fournir des renseignemens complets sur les climats; et la plupart des autres
étant évidemment de celles que leur puissance expansive
pousse bien au-delà de la zone à laquelle elles appartiennent,
ne peuvent indiquer sa limite. En effet, qu'importe pour la
question qui nous occupe, que le Dattier, le Citronnier, l'O-
ranger des contrées équatoriales, et l'Olivier, le Grenadier, la
Vigne, l'Abricotier de la zone de transition tempérée, végètent
ensemble dans les oasis de l'Égypte? Ne savons-nous pas que
ces arbres végètent ensemble beaucoup plus loin, soit au midi,
soit au nord? Je pencherois même à croire que c'est moins
la température que la nature du sol qui retient plusieurs *Mimosa*, *Acacia* et Sénés des tropiques dans les déserts brûlans de l'Indoustan, du Sindhy, du Béloutchistan, de l'Arabie et de la partie septentrionale de l'Afrique.

Il existe très-certainement au sud-est du Lahore, le long

des rives du Jumna et du Gange, une communication libre
entre la végétation de l'Indoustan et celle du Caboulistan;
mais aucun botaniste n'a encore porté ses pas de ce côté. Quoiqu'au nord la frontière qui sépare le Béloutchistan du Nermanchyr soit embarrassée de montagnes et de sables, je
penche à croire, d'après les relations des voyageurs, que dans
ces contrées la limite de la zone équatoriale s'arrête vers le
29e degré. Elle se relève à l'ouest le long du golfe persique,
et elle atteint le 30e ou 31e parallèle. Le contact de l'Arabie
et de la Palestine permet d'observer la transition d'une
végétation à l'autre : elle s'opère entre le 28e et le 33e degrés.
Dans cet espace, on voit finir la zone équatoriale et commen-
cer la zone de transition. Le climat protége encore l'*Asclepias gigantea*, le *Guilandina morinda*, le *Cassia platisili-
qua*, le *Cordia myxa*, le *Tamarindus indica*, et ce fameux
palmier des déserts, le Doum qui, selon Burkhardt, croît près
du lac Tibérias. A ces végétaux se joignent le *Lawsonia alba*,
le *Phœnix dactylifera*, les *Citrus aurantium* et *medica*, le
Cactus opuntia, le *Saccharum officinale*, etc. Ceux-ci laissent les premiers en arrière, et, secondés par la culture, ils
pénètrent beaucoup plus avant.

Les principaux points d'arrêt du Dattier dans la zone de
transition, sont le cap Rocca, Madrid, les îles d'Hyères, la
rivière de Gênes, Rome, Corfou, Athènes, Smyrne, Tekrid
en Mésopotamie, Djalk au Béloutchistan, Péchawer au fond
du Caboulistan. Sa limite extrême, comme on le voit, est
dans la rivière de Gênes par 44° 50'. A cette hauteur, et souvent au-dessous, il ne pousse que des feuilles. L'Oranger va
un peu plus loin que le Dattier, partout où il n'est pas arrêté

par des sables, des plateaux ou des montagnes. L'un et l'autre supporte un froid momentané de deux ou trois degrés sous zéro ; mais le Dattier veut des étés plus chauds pour compléter ses développemens. Souvent à une distance notable de sa ligne d'arrêt il cesse de donner des fleurs ; tandis que l'Oranger, tout près du terme de sa course, produit encore des fruits excellens.

LA ZONE DE TRANSITION TEMPÉRÉE.

Je vais d'abord parler de la portion de la zone de transition tempérée située à l'occident de l'Ancien Continent ; je dirai ensuite quelques mots de la portion orientale qui est séparée de la première par l'énorme masse des monts de l'Himalaya et du Thibet.

Une ligne brisée, tracée de l'ouest à l'est, à partir de Mogador jusqu'aux sources de l'Hydraotes, et qui, dans ce long trajet, toucheroit les crêtes de l'Atlas, le Caire, la cîme du Mont-Thabor, Bagdad, Chiraz, Kélat, Moultan, ne s'écarteroit pas beaucoup de la limite inférieure de la zone.

Il s'agit maintenant de tracer la limite supérieure. L'Olivier me paroît être de tous les arbres propres à la zone, celui qui réunit au plus haut degré les conditions requises pour marquer les points où elle s'arrête au nord.

La puissance expansive de l'Olivier vers le pôle est très-bornée là où il se refuse à croître ; il en est de même d'une multitude de végétaux qui font partie de la flore à laquelle il appartient ; sa disparition est donc le signal d'un changement notable et général dans la végétation, ou, en d'autres termes, l'indication du passage de la zone de transition à la zone tempérée.

L'Olivier s'arrête entre 42° et 43° de latitude en Espagne ; entre 44° et 45° dans les départemens méridionaux de l'est de la France; entre 45° et 46° dans l'Italie orientale et dans la Carniole; vers le 40ᵉ sur les côtes orientales de la Grèce et les côtes occidentales de l'Asie mineure. Il existe, dit-on, en quelques endroits du littoral de la Macédoine. Ce qui est mieux constaté, c'est qu'il ne se montre nulle part autour de la mer de Marmara. Il reparoît à Sinope, et suit les côtes de la mer Noire jusque dans la Gourie. On le voit encore par 45° dans la partie méridionale de la Crimée. Un degré plus bas, à l'ouest de la Caspienne, le Térek marque le terme de ses progrès. Il abonde dans le Mazandéran. Aucun voyageur ne l'indique dans les immenses contrées de la Perse et de la Tartarie, comprises entre la Caspienne et la chaîne des monts Belour. Elphinstone l'a vu par 34 à 35 degrés, sur les collines qui constituent les gradins inférieurs du Caucase Indien. Il est inconnu à l'orient du Caboulistan.

J'admets par hypothèse qu'en plaine la moyenne température annuelle de la zone de transition est + 22 à 23° pour la limite inférieure, et + 14° pour la limite supérieure.

Dans la partie méditerranéenne de cette zone, il y a au moins six espèces herbacées pour une ligneuse, et le rapport des herbacées aux ligneuses va toujours croissant jusqu'aux régions hyperboréennes, où l'on compte 26 herbes, la plupart vivaces, pour un sous-arbrisseau. Le nombre des arbres de la zone équatoriale est inconnu; on sait seulement qu'il est très-considérable. Le nombre des arbres de la flore méditerranéenne n'est pas au-dessous de 240 ; il y en a environ 75 dans la zone tempérée ; il n'y en a que 27 à 3o dans la zone de transition glaciale.

La plupart des arbres, arbrisseaux et sous-arbrisseaux de la zone équatoriale ne se dépouillent jamais complétement de leurs feuilles. Le nombre des arbres, arbrisseaux et sous-arbrisseaux de la flore méditerranéenne qui offrent ce phénomène se monte à 3oo environ : c'est à peu près le quart de toute la végétation ligneuse. La zone tempérée ne possède qu'environ 4o espèces à feuilles persistantes ; la zone de transition glaciale qu'environ 24 ; la bande méridionale de la zone glaciale en compte tout au plus 1o.

Dans la partie méditerranéenne de la zone de transition tempérée, les Synanthérées et les Légumineuses sont les familles les plus abondantes en espèces ; elles forment à elles seules le quart de toute la végétation. Viennent ensuite les Crucifères, les Graminées, les Labiées, les Caryophyllées, les Ombellifères ; puis les Scrophularinées, les Rosacées, les Borraginées, les Renonculacées, les Cypéracées, enfin les Liliacées, les Cistées, etc. Il est à remarquer que les Synanthérées, les Crucifères, les Labiées, les Caryophyllées, les Ombellifères, les Rosacées, les Renonculacées, les Cistées, et quelques autres familles, offrent, dans la zone de transition tempérée, un plus grand nombre de types spécifiques que partout ailleurs. La plupart des espèces de ces familles que produisent les contrées équatoriales, y habitent les vallées et les montagnes, ce qui prouve que les chaleurs fortes et constantes des plaines ne conviennent pas à leur tempérament.

Les familles qui jouent le rôle le plus important dans toute la zone de transition tempérée, soit parce qu'elles peuplent d'arbres de haute stature les forêts qui ombragent le flanc des montagnes, soit parce qu'elles fournissent les arbres de moyenne taille qui se plaisent sur les collines, ou les arbrisseaux branchus qui forment les halliers, et les sous-arbrisseaux durs et rabougris dont se couvrent les plaines incultes, sont d'abord les Amentacées et les Conifères qui composent à elles seules plus de la moitié de la végétation arborescente; puis les Rosacées, les Légumineuses, les Térébinthacées, les Rhamnées, les Jasminées, les Caprifoliacées, les Cistées, les Ericinées, les Labiées.

Mais ce qui donne à la zone de transition une physionomie particulière, c'est le rapprochement d'espèces végétales qu'on peut considérer comme appartenant à trois populations différentes : celle des régions équatoriales, celle des régions septentrionales, et celle qui est propre aux terres situées entre le 30e ou 32e et le 44e ou 45e parallèles. La première touche à sa fin, la seconde commence, la troisième est dans toute sa vigueur. Celle-ci occupe la majeure partie du sol, les deux autres forment çà et là des colonies d'autant plus florissantes qu'elles sont moins éloignées de la mère patrie. Le Dattier, le Latanier et même le Doum, s'il est vrai qu'il croisse en Galilée, la Canne à sucre, le Sorgho, l'*Agave*, le *Cactus opuntia*, l'Oranger, le Citronnier, l'*Asclepias gigantea*, et d'autres Apocinées en arbre, plusieurs *Mimosa* et *Acacia* de l'Afrique et de l'Asie, confinés dans des plaines basses avantageusement situées, représentent la végétation des plaines de la zône équatoriale. Celle des plaines des contrées septentrionales est représentée sur les montagnes par le Chêne commun, le Hêtre, l'Aulne glutineux, le Charme, le Bouleau, le Frêne, l'If, le Sapin commun, le Sapin à feuilles d'if, le Pin sylvestre, etc. Quant à la végétation de la zone de transition, on peut dire qu'elle a des traits de ressemblance avec les deux autres, sans néanmoins se confondre avec elles. Le Figuier, les Mûriers, le *Liquidambar*, le Noyer, le Pistachier, le Lentisque, le Térébinthe, les *Rhus*, l'Olivier, le Myrte, le Grenadier, les *Syringa*, le *Styrax*, le Laurier d'Apollon, les *Tamarix*, le *Diospyros*, le *Mimosa julibrisin*, le Caroubier, l'arbre de Judée, le Laurier-Rose, les Chênes verts, etc., ne feroient point disparate au milieu de la végétation équatoriale. Les Chênes à feuilles caduques, les Genévriers qui s'élèvent aussi haut que nos plus grands Pins, le Pin d'Halep, le Pin pignon, celui de Corse, le Sapin d'Orient, l'Abricotier, le Pêcher, le Coignassier, et autres Rosacées arborescentes que nous cultivons dans nos vergers, et qui viennent en forêts dans le Caboulistan et l'Asie mineure, ont leurs analogues parmi nos végétaux sauvages.

Qu'on ne s'attende pas à trouver dans l'intérieur de la zone de transition une température et une végétation toujours en rapport constant avec les latitudes. Loin de là, car tous les accidens propres à contrarier la marche normale des phénomènes sont, pour ainsi dire, accumulés dans cette zone, et ce n'est que par exception que la règle s'y montre. L'exemple est si instructif, que je veux en faire ressortir les circonstances principales, en donnant quelque étendue à la description des localités. Il ne s'agit pas ici d'une description telle qu'elle sortiroit de la plume d'un géographe ; je traite de la distribution des végétaux à la surface du globe; je rejeterai donc tout développement qui ne rentreroit pas naturellement dans ce sujet.

Je fais précéder la description des contrées par le *Tableau de la distribution des espèces les plus remarquables de la portion occidentale de la zone de transition tempérée de l'Ancien Monde.* Toutes les espèces que je nomme sont ligneuses, excepté le Bananier (Musa *paradisiaca*). La lettre *O* (Oui), indique que l'espèce habite la contrée; l'abréviation *Cult.*, qu'elle y est cultivée; la lettre *N* (Non) qu'elle ne l'habite pas; le point d'interrogation (?), qu'on pourroit soupçonner qu'elle y croît, quoiqu'on ne l'y ait pas encore observée; la ligne ponctuée (...........), qu'on ne l'y a pas vue, mais que d'ailleurs on n'a pas plus de motifs pour nier que pour affirmer qu'elle s'y trouve. Quand je dis d'une espèce qu'elle est *cultivée*, je n'entends pas qu'on l'a vue par hasard dans un jardin de botanique, mais qu'elle est répandue dans le pays et soignée comme espèce utile ou agréable. Si le Caboulistan ne figure pas dans le tableau, c'est que ce pays de grandes espérances pour les botanistes, leur est jusqu'à ce jour encore moins connu que la Chine, bien qu'il soit d'un plus facile accès.

DISTRIBUTION des principales espèces ligneuses de la portion occidentale de la zone de transition tempérée dans l'Ancien Monde.

NOMS DES ESPÈCES.	Barbarie.	Égypte.	Syrie, Mésopotamie, etc.	Perse méridionale.	Perse septentrionale.	Régions du Caucase.	Asie mineure.	Grèce.	Italie.	France.	Péninsule hispanique.
Phœnix dactylifera.....	O.	O.	O.	O.	N.	N.	cult.	cult.	cult.	N.	cult.
Cucifera thebaïca.......	N.	O.	?	N.	N.	N.	N.	N.	N.	N.	N.
Chamœrops humilis....	O.	N.	O.	....	N.	N.	....	N.	O.	O.	O.
Musa paradisiaca.......	cult.	cult.	cult.	?	N.	N.	N.	N.	N.	N.	cult.
Pinus sylvestris.........	N.	N.	?	....	....	O.	O.	O.	O.	O.	O.
— pinaster.............	....	N.	....	....	....	N.	....	O.	O.	O.	....
— pinea...............	cult?	....	cult.	?	?	N.	cult.	cult.	cult.	cult.	cult.
— laricio..............	....	N.	....	....	....	O.	?	?	O.	O.	....
— halepensis..........	O.	cult.	O.	....	....	N.	O.	?	O.	O.	....
— tournefortii...	N.	N.	....	....	....	N.	O.	N.	N.	N.	N.
— brutia...............	N.	N.	N.	N.	N.	N.	N.	....	O.	N.	....
Abies excelsa..........	N.	N.	N.	N.	N.	N.	N.	N.	O.	O.	....
— taxifolia............	N.	N.	....	....	....	O.	O.	O.	O.	O.	....
— orientalis...........	N.	N.	....	....	....	O.	O.	N.	N.	N.	N.
Larix cedrus...........	N.	N.	O.	N.	N.	N.	O.	N.	N.	N.	N.
Juniperus phœnicea.....	O.	N.	O.	....	....	O.	O.	O.	O.	O.	O.
— oxycedrus...........											
— excelsa.............	N.	N.	....	....	....	O.	O.	N.	N.	N.	N.
— oblonga.............	N.	N.	N.	....	....	O.	....	N.	N.	N.	N.
— drupacea............	N.	N.	O.	....	....	N.	....	N.	N.	N.	N.
— fœtidissima..........	N.	N.	....	....	....	N.	O.	N.	N.	N.	N.
— macrocarpa..........	N.	N.	....	....	....	....	....	O.	N.	N.	N.
— communis...........	N.	N.	....	....	....	O.	O.	O.	O.	O.	O.
Fresnella Fontanesii. ...	O.	....	....	....	....	N.	N.	N.	N.	N.	N.
Cupressus sempervirens.	O.	O.	O.	O.	O.	O.	O.	O.	O.	O.	O.
Taxus baccata.........	N.	N.	N.	....	....	O.	O.	O.	O.	O.	O.
Quercus robur.	O.	N.	....	....	....	O.	O.	O.	O.	O.	O.
— cerris...............	N.	N.	....	....	....	N.	....	N.	O.	O.	....
— brutia...............											
— thomasii............	N.	N.	N.	N.	N.	N.	N.	....	O.	N.	....
— frainetto............											
— ballota..............	O.	N.	....	....	....	N	....	O.	N.	N.	O.
— pseudo-suber	O.	N.	....	....	....	N.	....	N.	O.	N.	....
— esculus.............	N.	N.	....	....	....	N.	O.	O.	O.	N.	....
— ægilops	N.	N.	O.	....	....	N.	O.	O.	N.	N.	N.
— suber...............	O.	N.	....	....	....	N.	....	?	O.	O.	O.
— pseudo-coccifera.....	O.	N.	O.	....	....	N.	....	N.	N.	N.	....

NOMS DES ESPÈCES.	Barbarie.	Égypte.	Syrie, Mésopotamie, etc.	Perse méridionale.	Perse septentrionale.	Régions du Caucase.	Asie mineure.	Grèce.	Italie.	France.	Péninsule hispanique.
Quercus ilex	O.	N.	O.	....	....	N.	O.	O.	O.	O.	O.
— coccifera											
— infectoria	N.	N.	O.	O.	O.	N.	O.	N.	N.	N.	N.
— iberica	N.	N.	....	....	....	O.	....	N.	N	N.	N.
— rigida	N.	N.	?	....	....	N.	O.	N.	N.	N.	N.
— libani	N.	N.	O.	....	....	N.	....	N.	N.	N.	N.
— tournefortii	N.	N.	?	....	....	N.	O.	N.	N.	N.	N.
— haliphleos											
— lusitanica											
— crenata											
— heterophylla											
— rotundifolia											
— prasina	....	N.	N.	....	....	N.	....	N.	N.	N.	O.
— humilis											
— faginea											
— ægilopifolia											
— obtecta	O.	N.	....	....	....	N.	....	N.	N.	N.	....
Fagus sylvatica	N.	N.	O.	....	O.	O.	O.	O.	O.	O.	O.
Castanea vesca	N.	N.	....	....	....	O.	O.	O.	O.	O.	O.
Ostrya vulgaris	N.	N.	....	....	....	N.	O.	O.	O.	N.	....
Carpinus betulus	N.	N.	....	....	?	O.	O.	O.	O.	O.	O.
— orientalis	N.	N.	?	....	?	?	O.	O.	O.	N.	....
Corylus avellana	N.	N.	?	?	?	O.	?	O.	O.	O.	O.
— colurna	N.	N.	?	?	?	?	?	O.	N.	N.	N.
Alnus glutinosa	O.	N.	?	?	?	O.	?	O.	O.	O.	O.
— cordifolia	N.	N.	....	....	....	N.	....	....	O.	N.	....
— oblongata	N.	N.	....	....	....	....	....	?	?	?	?
— rotundifolia											
— incana	N.	N.	N.	N.	....	O.	?	N.	N.	O.	....
Betula alba	N.	N.	....	....	?	O.	?	O.	O.	O.	O.
— pontica	N.	N.	....	....	....	N.	O.	N.	N.	N.	N.
Populus alba	O.	cult.	O.	....	O.	O.	O.	O.	O.	O.	O.
— nigra											
— tremula	N.	N	....	....	....	O.	O.	O.	O.	O.	O.
— atheniensis	N.	N.	....	....	....	....	?	O.	N.	N.	N.
— euphratica	N.	N.	O.	....	....	N.	O.	N.	N.	N.	N.
— fastigiata	cult.	cult.	cult.	cult.	cult.	cult.	cult.	cult.	cult.	cult.	cult.
Salix babylonica	cult.	cult.	O.	?	?	O.	O.	O.	cult.	cult.	cult.
— tridentata	O.	N.	....	....	....	N.	....	N.	N.	N.	....
— pedicellata	O.	N.	....	....	....	N.	....	N.	N.	N.	....
— ægyptiaca	N.	cult.	O.	....	....	N.	?	N.	N.	N.	....
— alba	N.	N.	....	....	O.	O.	O.	O.	O.	O.	O.
— monandra	O.	cult.	....	....	....	O.	....	O.	O.	O.	O.

NOMS DES ESPÈCES.	Barbarie.	Égypte.	Syrie, Mésopotamie, etc.	Perse méridionale.	Perse septentrionale.	Régions du Caucase.	Asie mineure.	Grèce.	Italie.	France.	Péninsule hispanique.
Salix fragilis — triandra — capræa	N	N.	....	....	....	O.	....	O.	O.	O.	O.
— subserrata	N.	O.	....	....	....	N.	....	N.	N.	N.	N.
Platanus orientalis	O.	cult.	O.	O.	O.	O.	O.	O.	O.	cult.	cult.
— cuneata	....	N.	O.	....	....	N.	O.	?	O.	N.	....
— acerifolia	....	N.	?	?	?	?	O.	?	N.	N.	N.
Liquidambar imberbe	N.	N.	O.	....	....	N.	?	?	N.	N.	N.
Ulmus campestris	N.	cult.	O.	?	?	O.	O.	O.	O.	O.	O.
— effusa	N.	N.	....	....	?	O.	?	N.	?	O.	....
Celtis australis	O.	cult.	O.	....	....	O.	O.	O.	O.	O.	O.
— tournefortii	N.	N.	?	....	....	O.	O.	N.	N.	N.	N.
Planera richardi	N.	N.	?	....	....	O.	?	N.	N.	N.	N.
— abelicea	N.	N.	?	....	....	N.	?	O.	N.	N.	N.
Morus alba — nigra	cult.	cult.	O.	O.	O.	cult.	cult.	cult.	cult.	cult.	cult.
— tatarica	N.	N.	N.	?	?	O.	N.	N.	N.	N.	N.
Ficus carica	O.	cult.	O.	O.	O.	O.	O.	O.	O.	O.	O.
— sycomorus	cult.	cult.	cult	....	....	N.	N.	N.	N.	N.	N.
Buxus sempervirens	N.	N.	....	....	O.	O.	O.	O.	O.	O.	O.
Elæagnus hortensis	cult.	cult.	O.	....	O.	O.	O.	O.	O.	O.	....
Osyris alba	O.	N.	O.	....	....	....	O.	O.	O.	O.	O.
Laurus nobilis Vitex agnus castus	O.	cult.	O.	....	....	O.	O.	O.	O.	O.	O.
Olea europea	O.	O.	O.	?	O.	O.	O.	O.	O.	C.	O.
Phyllirea latifolia	O.	N.	....	....	....	N.	....	....	O.	O.	O.
— angustifolia	O.	N.	O.	....	....	N.	....	O.	O.	O.	O.
Ligustrum vulgare	O.	N.	O.	....	?	O.	O.	O.	O.	O.	O.
Jasminum fruticans	O.	N.	O.	....	?	O.	O.	O.	N.	N.	N.
Fontanesia phyllireoïdes	N.	N.	O.	....	....	N.	?	N.	N.	N.	N.
Syringa vulgaris	N.	N.	N.	....	O.	?	O.	....	cult.	cult.	cult.
— persica	N.	N.	N.	O.	O.	?	?	....	cult.	cult.	cult.
Fraxinus excelsior	O.	N.	....	....	O.	O.	O.	....	O.	O.	....
— argentea	N.	N.	....	....	N.	....	....	....	O.	N.	....
— oxyphylla	N.	N.	....	....	....	O.	?	N.	N.	N.	N.
— angustifolia	....	N.	....	....	....	N.	....	N.	N.	N.	O.
— ornus	....	N.	....	....	....	....	O.	O.	O.	O.	O.
— rotundifolia	....	N.	?	....	....	....	O.	....	O.	N.	....
Arbutus unedo	O.	N.	O.	....	....	....	O.	O.	O.	O.	O.
— andrachne	N.	N.	O.	....	....	N.	O.	O.	N.	N.	....
Diospyros lotus	O.	N.	....	....	....	O.	?	O.	O.	O.	O.
Styrax officinale	N.	N.	O.	....	....	....	O.	O.	O.	O.	....
Cordia myxa	N.	cult.	cult.	N.	N.	N.	N.	N.	N.	N.	N.

NOMS DES ESPÈCES.	Barbarie.	Égypte.	Syrie, Mésopotamie, etc.	Perse méridionale.	Perse septentrionale.	Régions du Caucase.	Asie mineure.	Grèce.	Italie.	France.	Péninsule hispanique.
Sideroxylon spinosum...	O.	N.	....	....	....	N.	N.	N.	N.	N.	N.
Asclepias procera......	N.	O.	?	....	....	N.	N.	N.	N.	N.	N.
Nerium oleander.......	O.	cult.	O.	....	....	N.	O.	O.	O.	O.	O.
Viburnum tinus.......	O.	N.	....	....	....	N.	....	O.	O.	O.	O.
— lantana	N.	N.	....	....	?	O.	?	O.	O.	O.	O.
— opulus............	N.	N.	....	....	?	O.	?	O.	O.	O.	....
— orientale	N.	N.	?	....	?	O.	O.	N.	N.	N.	N.
Lonicera caprifolium ...	O.	N.	....	....	...	N.	....	O.	O.	O.	O.
Cornus mascula....... — sanguinea. .... }	N.	N.	?	?	O.	O.	O.	O.	O.	O.	O.
Hedera helix..........	O.	N.	O.	?	O.	O.	O.	O.	O.	O.	O.
Sambucus nigra	O.	N.	....	....	O.	O.	?	O.	O.	O.	O.
Tamarix gallica.......	O.	O.	O.	?	O.	O.	?	O.	O.	O.	O.
— germanica..........	N.	N.	....	....	?	O.	?	N.	O.	O.	....
— africana...........	O.	O.	....	....	....	N.	N.	N.	O.	O.	O.
— orientalis..........	....	O.	O.	....	....	N.	....	N.	N.	N.	N.
Cactus opuntia	O.	O.	O.	....	....	N.	O.	O.	O.	O.	O.
Lawsonia alba........	cult.	cult.	cult.	O.	N.	N.	N.	N.	N.	N.	N.
Myrtus communis......	O.	N.	O.	O.	....	N.	O.	O.	O.	O.	O.
Philadelphus coronarius.	N.	N.	....	....	?	O.	O.	O.	O.	O.	O.
Punica granatum.	cult.	cult.	O.	O.	O.	O.	O.	O.	O.	O.	O.
Cerasus padus.........	N.	N.	....	....	?	O.	....	N.	O.	O.	cult.
— avium.............	N.	N.	....	....	?	O.	?	O.	O.	O.	....
— vulgaris	cult.	cult.	cult.	O.	O.	O.	O.	O.	cult.	cult.	cult.
— mahaleb...........	N.	N.	N.	....	....	N.	....	O.	O.	O.	....
— laurocerasus........	N.	N.	....	....	?	O.	O.	O.	cult.	cult.	cult.
Prunus spinosa.........	O.	N.	....	....	O.	O.	O.	O.	O.	O.	O.
— domestica..........	cult.	cult.	cult.	cult.	O.	O.	O.	O.	O.	O.	O.
— armeniaca..........	cult.	cult.	cult.	O.	O.	O.	O.	cult.	cult.	cult.	cult.
Amygdalus persica.....	cult.	cult.	O.	O.	O.	O.	O.	cult.	cult.	cult.	cult.
— communis..........	O.	cult.	O.	O.	O.	O.	O.	cult.	cult.	cult.	cult.
— incana............	N.	N.	....	....	?	O.	O.	N.	N.	N.	N.
— orientalis..........	N.	N.	?	....	?	N.	O.	N.	N.	N.	N.
Pyrus sorbus..........	O.	N.	?	....	?	?	O.	O.	O.	O.	O.
— aucuparia	N.	N.	O.	....	?	O.	O.	O.	O.	O.	O.
— malus............. — communis.......... — cydonia............ }	cult.	cult.	O.	O.	O.	O.	O.	O.	O.	O.	O.
— aria..............	N.	N.	....	....	O.	O.	O.	O.	O.	O.	....
— torminalis..........	N.	N.	....	....	?	O.	O.	O.	O.	O.	O.
— trilobata	O.	N.	O.	....	....	N.	?	N.	N.	N.	....
— salicifolia..........	N.	N.	....	....	?	O.	O.	O.	N.	N.	N.
— elæagnifolia.........	N.	N.	....	....	?	O.	O.	N.	N.	N.	N.

NOMS DES ESPÈCES.	Barbarie.	Égypte.	Syrie, Mésopotamie, etc.	Perse méridionale.	Perse septentrionale.	Régions du Caucase.	Asie mineure.	Grèce.	Italie.	France.	Péninsule hispanique.
Cratægus azarolus	O.	N.	O.	....	?	?	O.	O.	O.	O.	....
— maura	O.	N.	....	....	....	N.	N.	N.	N.	N.	....
— tanacetifolia	N.	N.	O.	....	O.	O.	O.	N.	N.	N.	N.
— oxyacantha	O.	N.	O.	....	O.	O.	O.	O.	O.	O.	O.
— pyracantha	N.	N.	....	....	?	O.	?	O.	O.	O.	O.
Mespilus germanica	N.	N.	....	....	O.	O.	O.	O.	O.	O.	O.
Cercis siliquastrum	N.	N.	O.	....	O.	O.	O.	O.	O.	O.	....
Ceratonia siliqua	O.	O.	O.	....	N.	N.	O.	O.	O.	O.	O.
Acacia stephaniana	N.	N.	O.	O.	O.	O.	?	N.	N.	N.	N.
— coronillæfolia	O.	N.	....	....	....	N.	N.	N.	N.	N.	N.
— mauroceana											
— gummifera	N.	O.	?	....	....	N.	N.	N.	N.	N.	N.
— nilotica	N.	O.	O.	....	....	N.	N.	N.	N.	N.	N.
— farnesiana	N.	O.	O.	?	....	....	cult.	....	cult.	cult.	cult?
— lebbeck	N.	O.	....	....	....	N.	N.	N.	N.	N.	N.
— albida											
— seyal											
— heterocarpa											
— senegal											
Mimosa habbas	N.	O.	....	....	....	N.	N.	N.	N.	N.	N.
—julibrisin	N.	N.	O.	O.	O.	....	O.	N.	N.	N.	N.
— agrestis	N.	N.	O.	....	....	N.	....	N.	N.	N.	N.
Tamarindus indica	....	cult.	cult.	O.	N.	N.	N.	N.	N.	N.	cult.
Cassia fistula	....	cult.	....	?	N.	N.	N.	N.	N.	N.	....
Guilandina morinda	N.	....	O.	....	N.	N.	N.	N.	N.	N.	N.
Juglans regia	cult.	N.	cult.	O.	O	?	O.	cult.	cult.	cult.	cult.
— pterocarpa	N.	N.	?	?	?	O.	?	N.	N.	N.	N.
Pistacia lentiscus	O.	cult.	O.	?	?	N.	O.	O.	O.	O.	....
— vera	O.	cult.	O.	O.	O.	N.	O.	O.	O.	O.	O.
— atlantica	O.	N.	?	....	....	N.	O.	O.	N.	N.	....
— terebinthus	O.	N.	O.	O.	?	O.	O.	O.	O.	O.	O.
Rhus coriaria	O.	N.	O.	....	?	O.	?	O.	O.	O.	O.
— cotinus	O.	N.	?	....	?	O.	?	N.	O.	O.	O
— pentaphylla	O.	N.	....	....	....	N.	....	N.	O.	N.	....
— albida	O.	N.	....	....	....	N.	....	N.	N.	N.	....
— dioïca											
— oxyacanthoïdes											
— oxyacantha											
— obscura	N.	N.	O.	....	....	N.	?	N.	N.	N.	N.
Paliurus australis	O.	N.	O.	?	?	O.	O.	O.	O.	O.	O.
Ziziphus vulgaris	O.	cult.	O.	?	O.	O.	O.	O.	O.	O.	O.
— lotus	O.	N.	O.	....	....	N.	....	N.	N.	N.	....
— spina christi	O.	O.	O.	?	?	N.	....	N.	N.	N.	....

NOMS DES ESPÈCES.	Barbarie.	Égypte.	Syrie, Mésopotamie, etc.	Perse méridionale.	Perse septentrionale.	Régions du Caucase.	Asie mineure.	Grèce.	Italie.	France.	Péninsule hispanique.
Rhamnus alaternus	O.	N.	?	....	....	....	?	O.	O.	O.	O.
— oleoïdes	O.	N.	....	....	....	....	....	O.	O.	O.	....
— lycioïdes	O.	N.	....	....	....	....	....	N.	N.	N.	O.
— buxifolia	O.	N.	....	....	....	....	....	N.	N.	N.	O.
— amygdalina	O.	N.	....	....	....	....	....	N.	N.	N.	....
— infectoria	N.	N.	....	....	....	....	....	O.	O.	O.	O.
— frangula	N.	N.	....	....	....	O.	....	O.	O.	O.	....
— cathartica	N.	N.	....	....	....	O.	....	O.	O.	O.	....
Ilex aquifolium	N.	N.	O.	....	O.	O.	O.	O.	O.	O.	O.
Staphylea pinnata	O.	N.	....	....	?	O.	O.	?	O.	O.	....
Evonymus europea	N.	N.	....	....	?	O.	....	....	O.	O.	....
— latifolia	N.	N.	....	....	?	O.	O.	O.	O.	O.	....
— verrucosa	N.	N.	....	....	?	O.	....	....	N.	N.	....
Vitis vinifera	O.	cult.	O.	O.	O.	O.	O.	O.	O.	O.	O.
Acer monspessulanum	N.	N.	?	....	....	N.	....	O.	O.	O.	....
— campestre	N.	N.	....	....	....	O.	....	O.	O.	O.	O.
— platanoïdes	N.	N.	....	....	....	O.	....	N.	O.	O.	....
— pseudo-platanus	N.	N.	....	....	....	O.	....	N.	O.	O.	....
— ibericum	N.	N.	....	....	....	O.	....	N.	N.	N.	N.
— tataricum	N.	N.	....	....	....	O.	....	N.	N.	N.	N.
— heterophyllum	N.	N.	?	....	....	....	?	N.	N.	N.	N.
— lobelii	N.	N.	....	....	....	N.	....	....	O.	N.	....
— opulus											
— opulifolium	N.	N.	....	....	....	N.	....	....	O	O.	O.
— obtusatum	N.	N.	....	....	....	N.	....	....	O.	N.	...
Æsculus hippocastanum	N.	N.	....	....	....	N.	....	O.	cult.	cult.	...
Tilia rubra	N.	N.	....	....	?	O.	?	?	N.	N.	N.
— platiphyllos	N.	N.	....	....	?	O.	?	O	O	O	O.
Citrus aurantium	cult.	cult.	O.	O.	O.	cult.	cult.	cult.	cult.	cult.	cult.
— medica											
Melia azedarach	cult.	cult.	O.	O.	?	....	....	cult.	cult.	cult.	cult.
Annona squamosa	cult.	....	....	....	N.	N.	N.	N.	cult.	N.	cult.

Le Caboulistan.

Le Caboulistan, qui s'étend depuis l'extrémité de l'Himalaya jusqu'à la frontière occidentale du Béloutchistan, et depuis l'embouchure de l'Indus (lat. 24°) jusqu'aux rives de l'Oxus (lat. 37°), est fort peu connu. Les contrées fameuses de Cachemire, de Caboul et de Candahar occupent plus de place dans les récits merveilleux des conteurs arabes que dans les savantes dissertations des naturalistes européens.

La partie du grand désert, située au sud, n'est pas si complétement stérile qu'on n'y puisse apercevoir des traces de la végétation des pays chauds. Sur les sables amoncelés comme des vagues croissent de loin à loin, parmi des touffes d'herbes maigres, des buissons de *Mimosa* et de *Ziziphus*. Le *Holcus spicatus* est cultivé autour de quelques huttes éparses; et, ce qui est digne de remarque, les habitans de ces sauvages demeures sont obligés, pour trouver des sources, de creuser des puits de trois cents pieds de profondeur dans un sol dont l'aride surface produit cependant, presque sans culture, des melons d'eau de plus d'un pied de diamètre. Le Setledje, le Chumab et l'Indus portent la fertilité sur leurs rives au sein du désert.

A son extrémité occidentale est le Sindhy, dont la partie méridionale, baignée à l'ouest par la mer d'Oman, descend presque jusqu'au tropique. Le littoral offre une large plaine parfaitement unie que parcourent l'Indus et les différens canaux qu'il s'est creusé pour porter ses eaux à la mer. Les rives de ce beau fleuve sont d'une grande fertilité; mais si l'on s'en éloigne, on trouve d'un côté le désert, et de l'autre des montagnes d'une affreuse nudité; singulière ressemblance avec l'Egypte, comme l'observe Henri Pottinger. A Tatale (lat. 24°,44'), du milieu de juin au milieu de juillet 1810, ce voyageur remarqua que dans les chambres les plus fraîches le thermomètre se soutenoit habituellement entre + 33° et 38°,5; et qu'à Haïderabad (lat. 25°,22'), en août, saison des pluies, il descendoit rarement au-dessous de + 38°,8. Parmi les végétaux de cette contrée, je ne puis indiquer que des *Mimosa*, des *Tamarix*, l'*Euphorbia antiquorum*; mais il est hors de doute que la végétation tout entière est équatoriale. Je dirai la même chose de la végétation du Siouistan, province réputée la plus chaude de l'empire.

La température annuelle des côtes du Béloutchistan doit être inférieure à celle du Sindhy, puisque déjà l'année se partage assez nettement en deux saisons, la chaude et la froide; mais il est bon d'observer que cette dernière saison ne paroît froide que par comparaison avec les chaleurs excessives de l'autre. Le sol, stérile partout où il n'est pas arrosé, est sablonneux comme au désert. Il produit le Dattier, le *Melia azedarach*, le *Ficus religiosa*, le *Dalbergia sisson*, le *Mangifera indica*, le *Tamarindus indica*, des *Ziziphus* et des *Mimosa* qui s'élèvent à des hauteurs considérables; le Noyer, le Sycomore, le *Platanus orientalis* y viennent très-bien; les Frênes et les Chênes, les Sapins et les autres Conifères y sont inconnus. A très-peu de distance de la côte le pays devient montueux, et la température varie comme les inégalités du sol. Dans les vallées basses et bien exposées, entre le 27e et le 30e degrés, croissent le Dattier, le Goyavier, le Bananier, le Figuier, le Pistachier, le Mûrier, le Grenadier, la Vigne, le Noyer, le Coignassier, le Pêcher, l'Abricotier, l'Amandier, le Cerisier, le Groseiller. On fait dans les plaines du riz, du coton, de l'indigo ; mais sur les pentes des montagnes et sur les plateaux, où de longs hivers accompagnés de frimats se font rudement sentir, à peine peut-on compter sur de minces récoltes de blé et d'orge, tant la maturité de ces grains est tardive. La terre produit d'elle-même des *Mimosa*, des *Tamarix*, l'*Hedysarum alhagi*, l'*Assa fœtida*.

En tournant au nord-ouest, on entre dans le désert de Kerman, sables arides, brûlans, mêlés de sel, et privés de végétation. Au centre de cette vaste et triste solitude, quelques sources d'eau douce arrosent la petite oasis de Kébis ; elle offre aux voyageurs ses toits hospitaliers, ses gazons d'une éternelle verdure et ses ombrages frais.

Toute la partie de l'empire, depuis le désert de Kerman jusqu'aux pentes occidentales de l'Himalaya, et depuis le désert du Sud jusqu'au Caucase indien et aux monts Paropamises, ne peut être retranchée de la zone de transition, quoique les accidens du sol en fassent souvent disparaître les caractères distinctifs. Entre le 30e et le 33e degrés, les pays plats et bas ont des étés extraordinairement chauds et des hivers fort doux. Quelquefois, dans cette dernière saison, il se forme pendant la nuit, à la surface des eaux dormantes et sur le bord des rivières, une légère couche de glace, qui se dissout au lever du soleil. Souvent, dans les régions occidentales il tombe de la neige. On n'en voit jamais à Candahar, par 33º,38'. Bien loin de cette ville, au sud-est, dans les fertiles plaines de Moultan (lat. 3oº,5o'), ombragées par le Dattier, le *Melia azedarach*, le *Ficus religiosa*, Elphinstone remarqua, en décembre 1809, que le thermomètre s'abaissoit le matin jusqu'à — 2º,2. Tout le pays qui s'étend de la rive gauche de l'Indus à l'Himalaya et aux montagnes méridionales de Cachemire, jouit d'un climat assez chaud pour faire mûrir les fruits de l'Inde. Le Platane et le Saule deviennent d'autant plus rares que les latitudes sont plus basses.

Au nord, le Cachemire (lat. 34º—35º.), reserré entre deux chaînes de montagnes dont les hautes cimes sont chargées de neiges perpétuelles, a des hivers froids et des étés d'une chaleur modérée. De tous les arbres de l'Inde, le Mûrier seul y réussit. On y récolte les fruits de l'Europe et du nord de l'Asie mineure, le riz, l'orge, le froment, etc. Les montagnes sont couvertes de Pins et de Sapins, particulièrement sur leur revers septentrional ; les rivières sont bordées de Saules, les campagnes voisines des lieux habités sont ornées de Peupliers.

La vallée de l'Indus sépare la chaîne des montagnes septentrionales de Cachemire du Caucase Indien, lequel s'alonge de l'est à l'ouest, et va finir où commencent les monts Paropamises. Sa crête, dont les sommités atteignent quelquefois 3,000 toises, est toujours chargée de neige. Ses gradins inférieurs sont garnis de forêts de Lentisques, de Pistachiers, d'Oliviers, de Chênes, de Pins, Sapins, etc. Dans les vallées basses croissent une multitude de plantes appartenant à des genres de la flore européenne.

Au sud du Caucase Indien, et non loin de sa base, dans la

vallée que parcourt le Pundjshier, sont deux villes fameuses : Pechawur et Caboul.

Pechawur (lat. 34°), situé au milieu d'une petite plaine basse entourée de montagnes, doit probablement à cette position les chaleurs excessives de ses étés, et le froid très-modéré de ses hivers. Elphinstone évalue de mémoire à + 49°, le *maximum* de l'été 1809, qui passa généralement pour tempéré. Plusieurs fois le thermomètre monta à + 45° sous une tente rafraîchie artificiellement. Pendant l'hiver, les gelées sont fréquentes la nuit et le matin; le *minimum* observé est — 3,88; dans la journée, l'air se réchauffe et la température devient très-douce. Peu de localités sont aussi favorables à la réunion des végétaux des climats chauds et des climats tempérés. L'atmosphère, presque toujours tiède quand elle n'est pas très-chaude, le sol continuellement humecté par de nombreuses rivières, entretiennent une végétation vigoureuse et variée. D'épais gazons dont la verdure pendant une grande partie de l'année, ne cède pas en fraîcheur à celle des prairies septentrionales, couvrent les lieux incultes. Le bord des rivières est ombragé par des Saules et par des *Tamarix* qui acquièrent trente à quarante pieds de haut. A peine peut-on apercevoir les villages à travers les arbres fruitiers qui les environnent. Le Grenadier, le Mûrier, le *Ficus religiosa*, le Dattier, l'Oranger, et quelques autres végétaux de l'Indoustan, que les hivers de Pechawur ne dépouillent pas de leur feuillage, se mêlent à toutes les espèces que nous rassemblons dans nos vergers. Les avenues de la ville sont bordées de Cyprès et de Platanes.

A Caboul, où les étés sont moins chauds, où les hivers

plus froids, sans être rigoureux, sont accompagnés de neiges abondantes, on trouve tous les arbres fruitiers de l'Europe; mais on ne voit plus ceux de l'Indoustan. L'empereur Baber y fit planter la Canne à sucre; il n'est pas probable qu'elle y ait réussi.

Je ne dois pas oublier la partie centrale de l'empire. Elle est soulevée, si je puis ainsi dire, par plusieurs chaînes de montagnes qui, semblables aux rayons d'un cercle, partent de points différens, et vont aboutir à un centre commun. A mesure que ces chaînes s'enfoncent dans le pays, les plaines des vallées s'exhaussent, et par conséquent leur température décline. Entre le 32e et le 34e parallèles, on trouve des étés à peine aussi chauds qu'en Angleterre, et des hivers moins froids peut-être qu'en Norwége, mais aussi chargés de frimats. Les neiges se maintiennent durant trois ou quatre mois; toutes les rivières sont gelées; les hommes à cheval, les chameaux avec leurs bagages les peuvent traverser sur la glace. On dit que la plaine de Ghazna (lat. 33°,3o'), qui fait partie du plateau central, est la plus froide du royaume.

Peu de végétaux de l'Inde habitent le Cáboulistan; ceux de l'Europe au contraire y abondent. La Vigne, le Pêcher, l'Abricotier, etc., y viennent sauvages, et paraissent indigènes comme dans l'Asie mineure. Les arbres dominans dans les montagnes sont plusieurs espèces de Pins, dont un produit des cônes plus gros que des artichauts, et des graines aussi volumineuses que celles du Pistachier (1), des Cèdres, un Cyprès d'une hauteur prodigieuse, et plusieurs espèces de Chênes.

---

(1) C'est peut-être le *Pinus pinea*.

Le Noyer, le Pistachier, le Thérébinthe habitent aussi les
montagnes. Elphinstone croit se rappeler qu'il y a vu le
Houx, le Bouleau, le Coudrier. Dans les plaines incultes, les
arbres les plus communs sont le Mûrier, le Tamarin, le Platane, le Peuplier, et plusieurs espèces de Saules. La culture
de la Canne à sucre, du coton, de l'indigo, du melon, du
Sorghum spicatum et du *Sorghum vulgare*, du *Sesamum
orientale*, du riz, n'est pas rare dans les pays chauds. Celle
du blé, de l'orge, du maïs, de la betterave, de la carotte,
et de beaucoup d'autres plantes potagères, a lieu partout où
il existe un peu d'industrie et une terre productive.

Ces notions vagues ou incomplètes éveillent notre curio-
sité sans la satisfaire. La flore de l'empire du Caboul nous
est encore moins connue que celle de la Chine.

Avant de passer à la Perse, je dirai un mot des contrées
qui s'étendent à l'ouest et au nord-ouest, depuis les monts
Paropamises jusqu'au 41e degré, et qui comprennent le pays
de Balkh, de Maouer, la Boukharie, le Kharisme, etc. Déjà le
climat n'est plus assez chaud pour l'Olivier; mais un grand
nombre de végétaux ligneux qui se groupent autour de lui
dans la zone de transition se montrent encore sauvages ou
cultivés, selon les localités. Ces régions offrent un singulier
assemblage de plaines et de montagnes, de steppes herbeuses
et de steppes arides, stériles, sablonneuses et souvent salées,
de terres médiocres et de terres d'une admirable fertilité.
Dans la morte saison souvent toutes les eaux gèlent; les ca-
ravanes traversent alors les rivières sur la glace. Dans l'hiver
de 1820 à 1821, le baron de Meyendorff, envoyé par la cour
de Russie en ambassade à Boukhara, y vit baisser le thermo-

mètre jusqu'à 12 ou 13 degrés sous zéro, quoiqu'en général la saison fût très-douce. La chaleur des étés compense le froid des hivers; elle est si forte et si prolongée qu'elle dessèche la plupart des cours d'eau.

Les cantons de Hérat, Dheï-Molla, Khiva, Boukhara, Samarcande, etc., entourés de déserts, ressemblent aux belles oasis de l'Égypte. Nulle part la population n'est plus nombreuse, la culture plus soignée, la végétation plus productive. Les jardins et les vergers, qui sont très-multipliés, nourrissent une grande variété d'arbres fruitiers, parmi lesquels on remarque le Grenadier, le Pistachier, le Figuier, qui donnent des fruits exquis. Il y a de grandes plantations de *Morus alba* et *tatarica*. On cultive le Cotonnier, l'Indigotier, le Sésame, le *Sorghum saccharatum*, le riz et tous les autres grains et légumes de l'Europe.

D'après Falk, les arbres et arbrisseaux vulgaires de la Boukharie sont les *Pistacia terebinthus, Elœagnus angustifolia, Ulmus campestris* et *effusa, Cratœgus oxyacantha, Pyrus aria* et *aucuparia, Mespilus cotoneaster, Spirœa crenata, Rosa pimpinellifolia, Capparis spinosa, Clematis orientalis, Betula alba, Populus alba.*

Les steppes produisent en abondance des *Tamarix*, l'*Amygdalus nana*, le *Calligonum polygonoïdes*, et un arbre de petite taille qui a des feuilles caduques semblables à celles du Mélèze. On ne sait pourquoi Falk est tenté de le prendre pour l'*Abies orientalis*, et Pallas pour le *Juniperus lycia* ou *sabina*.

Dans la partie méridionale de la Boukharie, le *Platanus orientalis* devient un arbre colossal.

La Perse et les provinces Caucasiennes jusqu'au Térek.

Nous avons vu que la côte du Béloutchistan étoit séparée de l'intérieur du pays par des chaînes de montagnes. Il en est de même de la côte de la Perse. Elle forme depuis les monts Buskurd, limite du Béloutchistan, jusqu'aux bouches de l'Euphrate, une lisière de sable dont la largeur varie entre dix et trente lieues, selon que la base des montagnes se rapproche ou s'éloigne de la mer : telle est la partie maritime des provinces du Kerman, du Farsistan et du Khouzistan. L'excessive chaleur de cette côte lui a valu le nom de *Guermsîr* ou pays chaud.

Selon Scott - Waring, cité par Morier, la température atteignit en juillet 1802 + 45°,5, entre Chiraz et Firuz-Abad ; et selon Morier lui-même, elle s'éleva en juin 1808 à + 37°,77, entre Chiraz et Bouchyr. Les observations faites à Bouchyr par le docteur Jukes, portent la moyenne de juillet 1808 à + 33°,27, son *maximum* à + 36°,6 et le *minimum* de novembre et des quinze premiers jours de décembre 1807, à + 15°,3. M. de Humboldt estime que la température moyenne de cette ville s'élève à + 25°,5 : cette évaluation n'est probablement qu'approximative. Quoi qu'il en soit, il résulte des faits connus que la température est très-élevée sur tout le littoral. Elle le seroit plus encore si des rosées bienfaisantes ne tempéroient en quelques lieux l'ardeur de l'été. Ces rosées sont si abondantes à Bouchyr, qu'au lever du soleil la terre est trempée comme après une forte pluie.

aL végétation est loin d'approcher, pour la richesse, de celle qu'on remarque dans quelques parties du Béloutchistan. Les seuls arbres dont il soit fait mention, sont l'Oranger, le Grenadier et le Dattier. Toute la portion de la lisière qui dépend de la province de Kerman, est un sable salin, lequel ne produit que des dattes d'une qualité très-inférieure.

Les montagnes occidentales de la Perse se projettent vers le nord-ouest, bien au-delà des bouches de l'Euphrate. Elles laissent sur leur gauche la partie septentrionale du Khouzistan, pays fertile, où la Canne à sucre étoit anciennement cultivée; sur leur droite, le Louristan, le Kourdistan oriental et l'Aderbidjan; et elles se rattachent aux montagnes de l'Arménie, entre le lac de Van et le mont Ararat. Chemin faisant, elles envoient des chaînons à gauche et à droite : les premiers se confondent avec les montagnes de l'Asie mineure; les autres en général se dirigent vers le sud-est, s'abaissent insensiblement, et finissent par se perdre dans les déserts de sable situés à l'orient de la Perse. Jadis ces montagnes étoient couvertes de grandes forêts, aujourd'hui les arbres y sont clair-semés ; ce sont des Bouleaux, des Cyprès, des Chênes et surtout le *Quercus infectoria*, des Lentisques, etc. Il y a d'abondans pâturages, principalement dans les montagnes septentrionales.

Le littoral du golfe Persique, jusqu'à la base des montagnes, a évidemment une température et une végétation équatoriales. De l'autre coté des montagnes on entre dans la zone de transition. Le climat, la végétation, l'aspect du pays changent. Le sol des plaines s'exhausse, et forme un vaste plateau traversé çà et là par de petites chaînes de collines.

Le Henné, l'Oranger, le Citronnier, le Dattier viennent à l'est des montagnes occidentales jusqu'au 3o^e parallèle environ. C'est au nord du lac salé de Baghteghian, sur le sol où florissoit Persépolis, que le Dattier se montre pour la dernière fois. Sous la même latitude, on ne le voit pas à Chiraz, situé à l'ouest des montagnes, parce que cette ville est déjà très-élevée au-dessus de la lisière de sable. L'Oranger y réussit encore ; l'Orme, le Coudrier, le Pin, le Cyprès y trouvent le climat tempéré qui leur convient. Dans les mois de juillet et d'août le thermomètre s'élève souvent à trente ou quarante degrés ; mais en hiver il y a des journées fraîches, et quelquefois la neige blanchit la terre.

A mesure qu'on approche des monts Elbours ou des rives du Phase, la saison du repos, devenant graduellement plus longue et plus froide, resserre les autres saisons dans des limites plus étroites. Les conquêtes hivernales sont très-sensibles à Cachan, Kermanchâh, Hamadan et Koûm (lat. 34° — 35°). A Téhéran le froid est vraiment rude ; il l'est plus à Casbin, et plus encore à Tauris. Ker-Porter, qui séjourna dans cette dernière ville en décembre 1818, remarque que le thermomètre oscilloit constamment entre — 10 et — 20° : c'est la mesure ordinaire des hivers de Pétersbourg. Il n'est pas rare que des voyageurs, surpris par la nuit et assaillis par des tourbillons de neige que soulèvent les vents furieux du nord-est, périssent de froid sur les routes. Au commencement de mars les frimas couvrent encore la terre.

Aux hivers rigoureux de l'intérieur du pays succèdent des étés aussi chauds que ceux de la zone torride. A partir des premiers jours de juin jusqu'à la fin d'août, une température rarement au-dessous de $+\,30°$ et quelquefois de $+\,40°$ rend le séjour de Téhéran si fatigant, que toute la population riche abandonne la ville et va chercher sur les hauteurs un climat plus tempéré.

Dans l'immense pays compris entre les montagnes méridionales du Kerman et les monts Elbours et Turuck, voisins de la mer Caspienne, jamais d'abondantes rosées; et depuis mars jusqu'en décembre, jamais une goutte de pluie. Durant cette longue période, l'atmosphère conserve toute sa transparence; aucune vapeur ne se forme à la cime des montagnes; le ciel est constamment pur et brillant. L'acier le plus poli, disent Chardin et d'autres voyageurs, exposé à l'air à quelque heure que ce soit, ne prendroit pas la moindre tache de rouille, tant la sécheresse est grande (1). Sous de telles influences, il ne peut exister ni sources abondantes, ni grands fleuves; et si l'on considère que l'eau et la terre sont souvent chargées de sel, on concevra que le sol ne doit produire qu'une végétation misérable. C'est en effet ce qui a lieu dans la majeure partie de l'intérieur de la Perse. Que l'on se représente un plateau sablonneux, aride, coupé çà et là par des chaînes de collines pelées, d'où s'échappent de petites rivières qui disparoissent dans les sables non loin de leur origine; au bord de ces eaux courantes un terroir fertile, quand par hasard il n'est pas imprégné de sel, et de distance en distance un village ou même une ville; partout ailleurs un sol désert, des herbes chétives et rares, quelques broussailles, des buissons épineux, mais pas un arbre.

______

(1) Il ne faut pas prendre ces expressions dans toute leur rigueur; il y a de la rosée, puisqu'il y a de la végétation.

Derrière le rideau des monts Elbours, au bord de la mer Caspienne, le Ghilân et le Mazandérân forment une étroite lisière parée de tout le luxe végétal que comportent les latitudes et le climat. Des étés chauds sans être brûlans, des hivers tempérés, une athmosphère toujours humide, des pluies abondantes, un sol très-bas, bien arrosé, excellent, favorisent le développement d'une multitude de végétaux.

Les hautes montagnes du Mazandéran sont tout-à-fait nues; les montagnes inférieures et une partie de la plaine sont couvertes de bois superbes et très-serrés. Les forêts s'étendent depuis la frontière occidentale du Ghilân jusqu'à celle du Khorazân. On y remarque le Charme, le Hêtre, l'Orme, des Chênes, des Erables, le Platane, le Frêne à fleurs, le Châtaignier, le Tilleul, le Cornouiller, le Sorbier, plusieurs espèces d'*Acacia*, etc. Sous les voûtes épaisses du feuillage croissent le Sureau, le Buis, le Sumac et une quantité prodigieuse d'arbrisseaux, de lianes et de fougères. Le sol, garanti de l'action directe de la lumière, s'engraisse perpétuellement de la dépouille des végétaux et ne se fatigue pas de produire.

Aux arbres forestiers du Mazandéran se mêlent l'Oranger et le Citronnier. Ils sont cultivés dans les plaines avec le Henné, la Canne à sucre, le Caroubier, l'Olivier, le Figuier, la Vigne, le riz, le coton, et tous les arbres fruitiers du Pont et de l'Europe.

On a remarqué qu'il n'y avoit ni Pins ni Sapins dans le Mazandéran : peut-être l'absence de ces arbres tient-elle à la chaleur du climat, qui s'oppose à ce qu'ils croissent sur les montagnes inférieures, et à l'aridité des hautes montagnes qui repousse toute végétation.

A l'ouest, entre les montagnes du Ghilân et la chaîne occidentale, est l'Aderbidjan, partie la plus septentrionale de la Perse. Le pays est élevé; il y a des vallées et des plaines, des landes, des sables arides, de gras pâturages et grand nombre de rivières. De même qu'au Ghilân, le climat est très-humide, les pluies et les neiges sont abondantes, mais l'été est moins chaud, et l'hiver est plus long et plus froid. Le Pistachier, le Figuier, la Vigne, le Mûrier ne réussissent que dans quelques stations privilégiées, telles que les belles plaines arrosées par la rivière de Koï. Du reste, quand le sol est de bonne qualité, la végétation égale celle des pays tempérés les plus favorisés. Des arbres d'une admirable venue embellissent les campagnes; le voisinage des villes s'annonce par des plantations de Peupliers : les récoltes se composent de riz, de lin, de garance, de tabac et d'excellens fruits.

Passons de l'Aderbidjan dans les provinces situées au pied du Caucase. Au midi, le sol est peu élevé, le climat est très-doux : nulle part la Nature ne s'est montrée plus libérale; de même que dans le Pont elle a répandu avec profusion des richesses végétales qu'elle n'a accordées à l'intérieur de la Perse qu'avec une parcimonieuse économie. Tiflis, placé à distance à peu près égale de la frontière septentrionale de l'Aderbidjan et du centre de la chaîne caucasienne, n'a presque point d'hiver. En décembre 1771, Guldenstædt vit encore quelques plantes herbacées en fleur dans les campagnes; à la fin du mois il tomba un peu de neige. Janvier 1772 fut très-doux, et dès le milieu de février les arbres précoces fleurirent. Au voisinage du Caucase, la température subit un abaissement considérable. Le sol élevé de l'Imérétie ne permet plus la culture des végétaux

qui, tels que le Pêcher, le Mûrier, etc., demandent de la
chaleur pour mûrir leurs fruits; tandis que dans la Gourie
(lat 40°), province basse à l'extrémité orientale de la mer
Noire, non-seulement le Pêcher et le Mûrier viennent très-
bien, mais encore le Citronnier, l'Oranger et l'Olivier,
comme on l'a vu précédemment.

Le Caucase, dont les sommités revêtues de neiges permanentes sont plus élevées que le Mont-Blanc, n'arrête point
la puissance expansive de la zone de transition, comme je le
montrerai tout à l'heure. Une des montagnes principales de
cette chaîne, le Kasbek, s'élève à 2408 toises, selon MM. Parrot et Maur. de Engelhardt. Ces deux savans y indiquent ainsi
qu'il suit les lignes d'arrêt supérieures des végétaux les plus
remarquables : 450 à 550 toises de hauteur perpendiculaire
au-dessus de la mer pour le *Quercus robur* et l'*Hippophaë
rhamnoïdes*; 912 pour le *Pinus sylvestris*; 1020 environ
pour l'orge et l'avoine cultivés; 1000 à 1200 pour le *Juniperus oblonga*, le *Betula alba* et l'*Azalea pontica*; 12 à
1300 pour le *Sorbus aucuparia* et le *Salix capræa*; 13
à 1400 pour le *Rhododendrum caucasicum*, les *Vaccinium
myrtillus* et *vitis idæa*, etc. Enfin, ils fixent à 1650 toises la
limite des neiges permanentes du Kasbek; et, concluant du
particulier au géneral, ils assignent cette hauteur à la limite
des neiges de toute la chaîne du Caucase. Il seroit hors de
place de reproduire ici les raisonnemens de MM. Parrot et
Engelhardt à l'appui de leur opinion; je me bornerai à dire
qu'on ne sauroit guère douter que, même sous des latitudes
semblables et dans des stations très-rapprochées, des causes
locales ne fassent varier plus ou moins la limite des neiges

perpétuelles. C'est ce qui arrive aussi pour les lignes d'arrêt des végétaux.

Les principaux arbres ou arbrisseaux que produisent les provinces situées au midi du Caucase sont les *Rhus cotinus — coriaria, Paliurus australis, Ziziphus vulgaris, Juglans regia — pterocarpa, Amygdalus communis — persica, Punica granatum, Philadelphus coronarius, Diospyros lotus, Tamarix gallica, Laurus nobilis, Ficus carica, Planera Richardi, Platanus orientalis, Celtis australis — Tournefortii, Carpinus orientalis, Quercus iberica, Pinus laricio, Abies orientalis,* etc. A ces végétaux, qui tous sont propres à la zone de transition, se mêlent d'autres espèces indigènes en Europe ou en Tartarie, que nous retrouverons bientôt dans les contrées au nord du Caucase.

La zone de transition finit en Circassie, par 44°, sur les rives du Térek. Près de ce fleuve, on trouve encore dans quelques jardins l'Olivier ainsi que le Figuier, le Pistachier et le Grenadier. De ces quatre arbres, le Figuier est le seul dont les fruits arrivent à parfaite maturité.

Généralement parlant, l'été est chaud, et l'hiver tempéré dans la partie de la Circassie comprise entre le Caucase et le Térek ; toutefois il y a de temps à autre des froids passagers très-violens. Guldenstædt assure, d'après ce qui lui a été dit sur les lieux, que de 1768 à 1773 le *minimum* de la température à Kisljar fut — 27°,3, et Falk, voyageur très-éclairé, dit qu'à Mosdock l'hiver est très-rude, quoique de courte durée. Si ces faits sont exacts, comment le Figuier, le Grenadier, le Pistachier, et surtout l'Olivier, peuvent-ils passer la froide saison sans abri ? Cependant Falk affirme que l'Olivier supporte très-bien l'hiver en plein air. Le Câprier vient sauvage sur les bords du Térek, on y cultive le Cotonnier herbacé, la Vigne, le Pêcher, etc., le riz et autres grains. Les espèces sauvages qui composent les forêts au nord du Caucase, sont pour la plupart indigènes dans la zone tempérée; celles de la zone de transition sont en petit nombre. Les unes et les autres croissent également au midi du Caucase. Voici les plus remarquables : *Ulmus campestris — effusa, Morus tatarica, Quercus robur; Carpinus betulus, Fagus sylvatica, Castanea vesca, Taxus baccata, Fraxinus excelsior, Tilia europæa, Elæagnus angustifolia, Pyrus salicifolia — pyraster — malus — cydonia — communis, Prunus domestica — armeniaca — cerasus*, etc.

La Babylonie, la Mésopotamie, la Palestine, la Syrie et l'Asie mineure.

Les sables de l'Arabie s'enfoncent entre l'Irak-Araby à l'est, et la Palestine et la Syrie à l'ouest, jusqu'au 34e degré, où le sol, coupé par des chaînes de montagnes, offre des rivières nombreuses et des vallées fertiles. Ces sables sont moins déserts et moins nus que ceux de l'Arabie. Le Tigre, l'Euphrate, l'Oronte et leurs affluens entretiennent sur leurs rives une fraîcheur qui favorise la végétation. Çà et là le voyageur rencontre une bourgade ou une ville; mais à quelque distance des eaux courantes le sol est d'une stérilité complète.

Le Dattier remonte les bords de l'Euphrate et du Tigre. A

l'est il gagne les plaines situées entre Bagdad (lat. 33° 19') et Kermanchâh; au nord il s'avance jusqu'à Tekrid par 34° 40'; à l'ouest il répand son ombre sur les ruines de Palmyre , et pénètre par la Palestine et la Syrie jusque sur les plages de la Méditerranée.

Par une circonstance particulière au climat de Bagdad, on ne peut y cultiver le Henné, le Bananier et plusieurs autres végétaux de la zone chaude, qui croissent ailleurs sous des latitudes plus élevées. Ce n'est pas que la température de l'été soit trop foible : dans cette saison la chaleur est excessive et sans relâche. On dit même que le thermomètre monte à plus de 50 degrés durant le temps, heureusement très-court, où le samiel répand la désolation et la mort ; mais en hiver, la température tombe quelquefois à — 2°,5, et peut-être plus bas, puisque Niebuhr a vu pendant son séjour à Bagdad, en février 1765, de la glace de deux doigts d'épaisseur. Ces froids instantanés que supporte l'Oranger suffisent pour repousser le Henné. Ainsi Bagdad, malgré sa haute température moyenne, que Beauchamp estime, peut-être à tort, à + 23°,2, n'a que la végétation de la limite septentrionale de la zone de transition.

Depuis Bagdad jusqu'à Mossoul (lat. 36° 20') les bords du Tigre sont couverts de Saules et de Concombres dans un espace de deux cents pas. Au-delà de cette étroite lisière, le sol n'est qu'un sable aride et nu.

La Palestine et la Syrie méridionale, développées en amphi- téâtre aux bords de la Méditerranée, offrent un des plus re- marquables exemples du rapprochement des végétaux des pays chauds et des pays tempérés. On y voit le Dattier, la Canne à sucre, le Bananier, le Henné, l'Oranger, le Citronnier

le Pistachier, l'Olivier, le Caroubier, le *Cordia myxa*, le
Guilandina morinda, le *Tamarindus indica*, le *Melia
azedarach*, les *Acacia nilotica* et *farnesiana*, avec presque
tous les arbres forestiers de la Grèce et de l'Italie et tous les
arbres fruitiers de l'Europe. Chaque espèce s'établit selon
ses besoins sur les basses ou hautes plaines, sur le penchant
des montagnes ou sur leur sommet.

Les montagnes de l'intérieur de la Palestine méridionale
forment deux chaînes qui se portent concurremment du midi
au nord. Dans la partie basse de la vallée est le lac Asphal-
tique qui reçoit les eaux du Jourdain. La rive occidentale du
lac est bornée par des montagnes âpres et stériles. C'est à leur
pied que Hasselquist trouva le *Solanum sodomœum*, dont
le fruit, piqué par des vers, conserve sa couleur, mais ne
contient plus que de la poussière (1). La rive opposée est
très-fertile et couverte en partie de grandes forêts. J. L. Burckhardt y remarqua des Gommiers (*Acacia* ou *Mimosa*) et
un arbre de la famille des Apocynées, que les Arabes nomment *ochejir*, et qui, selon M. Delile, est l'*Asclepias procera*
de la zone équatoriale.

Au nord du lac, le long de la rive orientale du Jourdain,
un pays montueux, élevé de plus de 120 toises au-dessus du

---

(1) Selon J. L. Burkhardt, les Arabes racontent qu'aux environs du lac Asphal-
tique ou mer Morte, il y a une espèce de Grenadier qui produit un fruit dans
lequel on ne trouve que de la poussière quand on l'ouvre, et ils prétendent que c'est
le *Pommier de Sodôme*. D'autres nient l'existence de cet arbre. Hasselquist mérite
toute confiance ; il rapporte naïvement ce qu'il a vu, et il en donne une explication
naturelle. Au reste, il n'est pas impossible que ce petit phénomène se reproduise
dans plusieurs végétaux.

niveau des eaux du fleuve, présente des points de vue délicieux et une richesse de végétation peu commune. Les collines produisent en abondance des Chênes, des Pins, l'Olivier sauvage, etc. Les rivières qui versent leurs eaux dans le Jourdain cachent leur cours sous le feuillage des Platanes, des Amandiers, des Oliviers, des Lauriers- roses, etc. La vallée de Damasc et les rives de l'Oronte ne sont pas moins fertiles.

A défaut d'observations météorologiques, la végétation de la Syrie méridionale nous avertit que la température doit y être peu différente de celle du Caire. Il n'en est pas ainsi de la Syrie septentrionale, de la Caramanie et de l'Anatolie. La variation annuelle de la température croît par l'influence des latitudes plus septentrionales, à laquelle se joignent quelquefois des causes de refroidissement particulières aux localités. Cette double action est évidente à Halep, par 36°,11'. Le Dattier n'y vient pas; on ne conserve le *Lawsonia alba* et les variétés de l'Oranger et du Citronnier qu'en leur fournissant des abris. Le Myrte et le Laurier-rose ne se maintiennent que par la culture (1). Cependant le printemps, l'été et l'automne sont très-chauds; en juillet et août le thermomètre se tient entre + 25 et 28°. De la fin de mai au milieu de septembre, l'ardeur du soleil, que la sécheresse de

(1) Malgré l'autorité de A. Russel, j'avoue que j'ai peine à comprendre comment les hivers d'Halep seroient assez froids pour empêcher le Myrte et le Laurier-rose de croître sauvages, quand je vois ces végétaux prospérer sans le secours de la culture en Crimée, en Istrie, en Italie et dans la Provence. Je rappellerai ici ce que j'ai dit précédemment. Le Myrte vient sans abri dans le Cornouailles. Il y a peut-être dans le climat d'Halep quelque cause étrangère à l'abaissement de la température hivernale qui nuit à la végétation de certaines espèces.

l'atmosphère rend plus active, consume la verdure ; mais ces vives chaleurs ne sauroient compenser les inconvéniens de quarante jours d'hiver, durant lesquels il neige et il gèle de temps en temps : Alexandre Russel vit trois fois, en dix-sept ans de séjour à Halep, de la glace assez épaisse pour supporter le poids d'un homme sans se rompre.

Ce n'est pas une erreur de dire que des causes locales influent sur le climat de cette ville, puisqu'à Smyrne, deux degrés plus au nord, l'Oranger croît encore avec profusion. Hasselquist y remarqua même quelques vieux pieds de Dattiers, que les hivers avoient épargnés : il ne put en découvrir de jeunes. Si je ne me trompe, la latitude de Smyrne indique la ligne d'arrêt de cet arbre équatorial.

Tous les voyageurs remarquent qu'il n'y a pas un seul Olivier sur les côtes, depuis les Dardanelles jusqu'à Sinope. Il ne reparoît qu'au voisinage de cette ville.

La partie centrale de la Turquie d'Asie comprise entre le 35e et le 40e degrés, est agreste, élevée, coupée par de nombreuses chaînes de montagnes, dont la plus considérable est le Taurus. Quoique l'été soit fort chaud, et qu'au mois de juillet il arrive fréquemment que dans les plaines et les vallées le thermomètre monte à + 30°, 35° et même 38°, beaucoup de végétaux du midi n'y peuvent réussir, à cause du refroidissement hivernal. La terre ne se débarasse de neige à Erzroûm (lat. 39°59′) que vers le milieu d'avril ; quelquefois il en tombe encore en juin : il est vrai que cette ville est sur un plateau de plus de 1500 toises d'élévation. A peine trouve-t-on quelques bouquets de bois dans les plaines. Elles furent jadis couvertes de forêts ; depuis l'agriculture s'en étoit emparée: aujourd'hui elles sont presque partout dépouillées et incultes. A voir leur nudité on les croiroit stériles.

En général c'est dans les vallons, les escarpemens et sur les collines et les montagnes que sont confinées les forêts de l'Asie mineure. Les Pins, les Sapins, les Génévriers occupent les stations les plus élevées; le *Larix-cedrus*, dont le savant M. de La Billardière a fixé la ligne d'arrêt, sur le Liban, à 991 toises, vient aussi sur le Taurus. Il y a beaucoup d'espèces de Chênes; aucune contrée de l'Ancien-Continent n'en produit une aussi grande quantité; la plupart ne se dépouillent jamais de leur feuillage. Le Hêtre domine dans la Caramanie, la Bythinie, la Paphlagonie, le Pont, la Colchide, où beaucoup de nos arbres fruitiers, tels que le Prunier, le Cerisier, l'Abricotier, le Pêcher, l'Amandier, le Coignassier, le Poirier, le Pommier, le Néflier, le Sorbier, le Châtaignier, le Noyer, le Figuier, les Mûriers blanc et noir, la Vigne croissent sauvages au sein des forêts. Sans doute plusieurs sont partis de cette terre fortunée pour se répandre en Grèce, en Italie et dans le reste du monde. De vastes espaces sont tout couverts d'Oliviers, de Myrtes, d'Arbousiers, de Térébinthes, de Lentisques, de Pistachiers, de Lauriers, de Grenadiers, etc.

Je donnerois une idée trop incomplète de la végétation de l'Orient, si je ne citois les espèces suivantes. La plupart composent les forêts. (1).

---

(1) Les noms suivis d'un astérisque (*) sont ceux des espèces qui, jusqu'ici, n'ont point été observées en Europe ou en Afrique.

Pinus halepensis — sylvestris — tournefortii, Abies orientalis* — taxifolia, Larix cedrus*; Juniperus drupacea* — fœtidissima* — phœnicea, Cupressus sempervirens, Taxus baccata, Betula alba ? — pontica*, Quercus robur — ilex — coccifera — pseudococcifera — rigida* — infectoria* — libani* — haliphleos* — tournefortii* — œgilops — esculus, Fagus sylvatica, Castanea vesca, Ostrya vulgaris, Carpinus betulus — orientalis, Populus alba — nigra — tremula — euphratica*, Salix babylonica — monandra — alba — fragilis, etc.; Platanus orientalis — acerifolia* — cuneata, Liquidambar imberbe*, Celtis australis — tournefortii*, Ulmus campestris — effusa, Osyris alba, Elæagnus angustifolia, Vitex agnus, Fontanesia phyllireoïdes*, Fraxinus ornus — excelsior — rotundifolia, Arbutus unedo — andrachne, Diospyros lotus, Styrax officinale, Tamarix orientalis, — africana — germanica — gallica, Sambucus nigra, Cornus mascula, Pyrus sorbus — aucuparia — elæagnifolia — torminalis — salicifolia — aria, etc.; Cratægus trilobata, Azarolus — tanacetifolia, etc.; Prunus avium — cerasus — padus, etc.; Amygdalus incana — orientalis*, Mespilus germanica, Mimosa agrestis* — stephaniana — julibrisin*, Cercis siliquastrum, Ceratonia siliqua, Paliurus australis, Ziziphus vulgaris, Ilex aquifolium, Juglans regia*, Acer monspessulanum — heterophyllum*,* etc.

L'Olivier, le Térébinthe, le Grenadier, le Laurier d'Apollon, le Laurier-rose, le Myrte, le Figuier, la Vigne sauvage suivent les bords de la mer Noire par le Pont, la Mingrélie,

la Colchide, et vont former une colonie jusque sur les côtes
de la Crimée, par 44° à 45° de latitude. Sous ces parallèles
la température la plus basse atteint à peine — 6°; mais de
l'autre côté des montagnes qui défendent cette contrée des
vents du nord, l'hiver est si dur, qu'il semble qu'on se soit
rapproché du pôle de 4 ou 5 degrés.

La Méditerranée partage la zone de transition en deux
bandes, l'une septentrionale, l'autre méridionale. Examinons
d'abord celle-ci.

L'Egypte et la Barbarie.

Depuis la mer Rouge jusqu'à l'Océan atlantique, et depuis
le tropique du Cancer jusqu'à la Méditerranée, la majeure
partie du sol africain n'offre que des déserts parsemés d'oasis.
Beaucoup de sources ne donnent que des eaux saumâtres.
Les rivières et les torrens arrivent rarement jusqu'à la mer:
ils sont bus par les sables ou taris par les chaleurs. Il n'y a
d'autre cours d'eau navigable que le Nil. Les terres d'allu-
vion que les débordemens périodiques de ce fleuve déposent
sur ses rives et sur les plaines de l'Egypte inférieure, les
collines du littoral de la Cyrénaïque, quelques cantons du
Fezzan, la partie occidentale de la Barbarie occupée par la
chaîne de l'Atlas et ses ramifications, sont presque les seules
contrées productives. Leur fertilité est admirable.

La température hivernale des côtes descend jusqu'à + 7°,5
à Alexandrie, Rosette et Damiette, mais en général elle oscille entre + 13 et 18°.

A quelque distance de la mer, le climat des plaines est brûlant dans toutes les saisons. Cependant il arrive quelquefois en hiver que les vents violens du nord font tomber momentanément la température à + 6, + 5, + 2°, et même à zéro, sous des latitudes voisines du tropique.

Au Caire (lat. 30° 2′), la moyenne de l'année est + 22°,4; de l'hiver, + 14°,7; du printemps, + 23°,1; de l'été, + 29°,5; de l'automne, + 21°,9; du mois le plus chaud, + 29°,9; du mois le plus froid, + 13°,4.

A Alger (lat. 36° 48′), la moyenne de l'année est + 21°,1; de l'hiver, + 16°,4; du printemps, + 18°,7; de l'été, + 26,8; de l'automne, + 22°,5; du mois le plus chaud, + 28°,2; du mois le plus froid + 13°,4.

A l'occident de la mer Rouge est l'Egypte, spacieuse vallée bornée par des montagnes et des déserts. A l'époque des fortes chaleurs, quand, pour la première fois, on aborde dans cette contrée si renommée pour sa fécondité, on éprouve une grande surprise; l'œil attristé n'aperçoit sur une vaste plaine terminée par des montagnes blanchâtres et nues que des herbes desséchées et quelques arbres épars. Au solstice d'été commence la crue du Nil. Vers l'équinoxe d'automne les campagnes inondées semblent un grand lac du fond duquel s'élèvent çà et là des Dattiers, des Figuiers, des *Acacia*, des Saules, des *Tamarix*, etc. Aux approches du solstice d'hiver, les eaux se retirent peu à peu, et la végétation s'empare successivement des places qu'elles abandonnent. Sur ce sol humide et vaseux, des récoltes superbes ne coûtent guère que le soin de répandre la semence. Tous les grains sont mûrs avant le mois de mai, temps où le retour de la chaleur et de la sécheresse détruit la verdure. A la fin de décembre et au commencement de janvier les arbres se dépouillent de leurs feuilles : elles ne sont pas encore toutes détachées que déjà les nouvelles se développent.

Les vapeurs qui s'élèvent de la Méditerranée retombent en pluie sur le littoral ; mais dans l'intérieur il n'y a que des ondées foibles et rares. Les nuages chassés par les vents du nord vers les hautes montagnes de l'Afrique et dissous dans l'athmosphère embrasée de la Haute-Égypte, passent inaperçus. Rien n'altère la transparence du ciel. « Que direz-vous, écrivoit Hasselquist à Linné, quand je vous apprendrai qu'il y a des arbres qui subsistent depuis six cents ans, sur lesquels il n'est pas tombé six onces d'eau. » La contrée ne seroit pas habitable en été, si la brise de mer, accompagnée de rosées abondantes, ne tempéroit l'ardeur de l'atmosphère.

Le voyageur peut errer plusieurs jours dans les déserts de l'Égypte, de la Nubie, de la Lybie, du Fezzan et de la partie septentrionale du Bournou, sans trouver une goutte d'eau ni la moindre trace de végétation. Le sol est formé quelquefois de cailloux et de gravier, mais plus souvent d'un sable calcaire mouvant, qui se couvre d'efflorescences salines. On observe à sa surface des coquillages, des éponges marines, des troncs d'arbres pétrifiés : tout atteste ici les anciennes révolutions du globe. De loin à loin des chaînons de petites montagnes calcaires tout-à-fait dépourvues de terre végétale coupent ces plaines arides dans différentes directions. Quelques cantons, que l'eau du ciel mouille pendant l'hiver, produisent dans cette saison une végétation qui suffit à la nouriture de nombreux troupeaux ; mais dès que les fortes chaleurs re-

viennent, toute apparence de verdure disparoît. Comment la
végétation résisteroit-elle à une température atmosphérique
qui s'élève quelquefois à + 50°? Les lieux bas, le lit des
torrents où l'humidité séjourne, offrent différens arbustes et
arbrisseaux, tels que les *Tamarix gallica, africana*, et
orientalis, le Caprier, des *Cassia*, des *Acacia*, des *Mimosa*, etc. Les terrains salés développent des plantes épi-
neuses et dures : des *Salsola*, des *Traganum*, des *Calligonum*, et des plantes grasses à feuilles épaisses et succulentes :
des *Salicornia*, les *Mesembrianthemum copticum, cris-
tallinum* et *biflorum ;* l'organisation de ces dernières permet
qu'elles retiennent dans leur tissu une humidité abondante,
même au temps de la plus grande sécheresse. Ces plantes
sont broutées par le Chameau, modèle de résignation et de
sobriété. Enfin les oasis que des sources d'eau vive arrosent,
îles fertiles au sein d'une mer de sable, nourrissent le Dattier, le Doûm ou *Cucifera thebaïca*, qu'on retrouve jusque
sur les côtes du golfe de Benin, *l'Acacia vera*, et autres
espèces du même genre dont on retire la gomme, et un
arbre de la famille des Conifères, que plusieurs voyageurs
ont pris pour un If, mais qui est probablement une espèce
de *Juniperus* ou de *Thuya*. On y cultive l'Oranger, le Citronnier, le Bananier, l'Olivier, le Grenadier, le Pêcher, et
autres arbres fruitiers, le riz, l'orge, le froment, etc.

L'Egypte produit encore le *Ziziphus spina christi*, le
Salvadora persica, le *Vitex agnus castus*, *l'Asclepias gigantea*, le *Nerium oleander*, et autres *Apocynées* ligneuses ;
le *Ficus sycomorus*, les *Acacia gummifera — nilotica
— farnesiana — lebbeck — albida — seyal — heterocarpa*

— sénégal, le *Mimosa habbas* ou *polyacantha*, le *Cactus opuntia*, etc. On cultive dans quelques jardins du Caire les *Salix babylonica*, *ægyptiaca* et *subserrata*, les *Populus alba* et *nigra*, le *Cupressus sempervirens*, le *Cassia fistula*, le *Tamarindus indica*, l'*Annona squamosa*, etc., et notre Orme commun qui n'y atteint que la hauteur d'un arbrisseau. Autrefois le *Nelumbium speciosum* étaloit à la surface des eaux du Nil ses larges feuilles et ses fleurs magnifiques : il a disparu. On en voit encore la représentation sur les ruines des monumens antiques. Cette belle plante, indigène dans les Indes orientales, étoit-elle étrangère à l'Egypte, et ne s'y conservoit-elle que par la culture? Cela est probable.

Les montagnes peu élevées de la Cyrénaïque produisent en abondance le Caroubier, l'Olivier, le Myrte, le Lentisque, l'Arbousier, le *Juniperus phœnicea*; les sommités sont revêtues d'épaisses forêts d'un *Thuya*, qui sans doute est le *Fresnella fontanesii* (Thuya articulata, Desf.). Les Chênes si multipliés dans l'Atlas, le Dattier et le *Cactus opuntia* manquent ici.

L'Atlas, dont les cimes les plus élevées n'atteignent pas 1200 toises, est composé de deux chaînes parallèles, qui courent d'orient en occident, entre le 28e et le 33e degrés. Ces montagnes séparent la Barbarie du grand désert de Sahara. La chaîne la plus voisine du littoral, rafraîchie par les vents de mer et par des pluies fréquentes, est couverte de forêts. L'autre chaîne, qui confine au désert, est aride et presque stérile. Quelques larges vallées intermédiaires, arrosées par un grand nombre de rivières et de ruisseaux, sont d'une fertilité extraordinaire. En été, l'air est si sec et si brûlant dans les contrées les plus méridionales, que les habitans quittent leurs demeures pour vivre à l'ombre des Palmiers.

Quoique les plaines de la partie septentrionale soient en général sablonneuses, elles étalent une grande richesse de végétation partout où elles ne sont pas privées d'humidité. L'hiver est pour elles la saison de la renaissance de la verdure : une douce chaleur, accompagnée de pluie, presse le développement d'une multitude de végétaux; les fleurs émaillent les campagnes comme dans nos climats au retour du printemps. Mais quand le soleil se rapproche du tropique, les pluies cessent, les rivières se tarissent, l'atmosphère s'embrase, les feuilles des arbres perdent leur fraîcheur, les herbes sèchent sur pied.

Les forêts de la Barbarie occupent les gradins supérieurs de l'Atlas. Elles sont formées principalement par les *Quercus suber — ilex — pseudo-suber — obtecta — coccifera — pseudo-coccifera*, le *Quercus ballota* dont les glands doux servent à la nourriture de l'homme, le *Pinus halepensis*, le *Fresnella fontanesii*, le *Cupressus sempervirens*, les *Juniperus phœnicea* et *lycia*. M. Desfontaines, à qui la science est redevable d'un excellent ouvrage sur la végétation des États de Tunis et d'Alger, n'a vu que dans un petit nombre de localités le *Quercus robur*, l'*Alnus glutinosa*, le *Populus alba* et le *Fraxinus excelsior*. Les vallons et les collines sont garnis d'Oliviers sauvages, de *Pistacia terebinthus — vera* et *atlantica*, d'*Arbutus unedo*, de *Jasminum fruticans*, de *Laurus nobilis*, de *Myrtus communis*, de *Rhus pentaphyllum — coriaria* et autres espèces, de *Ziziphus lotus* et *spina christi*, de *Vitex agnus castus*, de *Viburnum tinus*, *d'Osyris alba*, de *Celtis australis*, etc. Les ruisseaux sont bordés de *Tamarix gallica — germanica — africana*, de *Salix tridentata — pedicellata — monandra*, de *Nerium oleander*, etc. Le *Chamærops humilis* abonde sur toutes les collines incultes. Les *Pinus pinea* et *pinaster* croissent sur quelques points du littoral. Des forêts de *Pinus halepensis* bordent les côtes du royaume d'Alger.

La végétation de l'Afrique septentrionale, dont on connoît aujourd'hui 2100 à 2200 espèces, diffère peu de celle du littoral septentrional et oriental de la Méditerranée. Sur 344 végétaux ligneux, savoir 284 arbrisseaux et 60 arbres environ que possède l'Afrique septentrionale, une centaine est propre au pays; 16 à 18 font partie de la flore équatoriale; les autres, c'est-à-dire plus des deux tiers de la totalité, ont été observés dans l'Europe australe ou en Orient, avant ou depuis le voyage de M. Desfontaines en Barbarie, et parmi ceux-ci je compte 39 arbres de haute ou de moyenne taille. Beaucoup de plantes herbacées sont également communes à l'Europe ou à l'Orient. A la vérité elles sont mêlées à un assez grand nombre d'espèces africaines, mais ces dernières appartiennent presque toutes par leurs types génériques à la flore d'Europe.

En résumé il n'y a guère moins de la moitié des espèces, soit ligneuses, soit herbacées, de l'Egypte, de la Lybie et de la Barbarie occidentale, qui ne viennent dans les autres contrées méditerranéennes de la zone de transition.

Les Conifères et les Amentacées fournissent 24 arbres à l'Afrique septentrionnale; les Légumineuses, 11; les Térébinthacées, 5 ou 6; les Rosacées, 4 ou 5, etc. Le Ricin, qui n'est le plus souvent qu'une grande herbe dans l'Europe australe, devient un arbre sur les côtes méridionales de la Méditerranée.

La proportion des arbres et arbrisseaux aux herbes annuelles, bisannuelles et vivaces est de 1 à 6 à peu près.

La proportion des herbes vivaces aux herbes annuelles et bisannuelles est de 7 à 9. Ici la proportion est croissante, tandis que dans les autres parties de la zone elle est décroissante. Je crois que cette anomalie est plus dans l'apparence que dans la réalité; elle disparoîtroit probablement si nous possédions la totalité des espèces herbacées qui habitent la chaîne de l'Atlas, car il n'est pas douteux que sur les montagnes le nombre des herbes vivaces surpasse de beaucoup celui des herbes annuelles.

Les plantes recueillies par feu le docteur Oudney, depuis Tripoli jusqu'à Mourzouk, sont, à quelques espèces près, parfaitement identiques avec celles qui ont été observées en Barbarie.

De toutes les provinces du littoral africain, la Basse-Egypte est celle qui nourrit le plus de plantes équatoriales; ce qu'il faut attribuer non-seulement au voisinage de l'Arabie, mais aussi à la présence du Nil, dont les eaux, descendant de hauts pays très-rapprochés de l'équateur, entraînent nécessairement avec le précieux limon qu'elles charrient un grand nombre de graines, parmi lesquelles plusieurs peuvent se développer et se reproduire sous le ciel ardent de l'Egypte.

Pour terminer la portion occidentale de la zone de transition tempérée, il nous reste à passer en revue la Grèce, l'Italie, la France méditerranéenne et la Péninsule Hispanique.

La Grèce.

La Grèce est très-montagneuse. On estime que les cimes de la chaîne du Pinde ont de quatorze à quinze cents toises. Bernouilli assigne onze cent dix-sept toises au mont Olympe. Ces évaluations peuvent être contestées ; mais ce qui est certain, c'est que la neige se maintient presque toute l'année dans les hautes montagnes. Les plaines les plus méridionales ne sont pas à l'abri des frimats. Dans le Péloponnèse, auprès de Tripolitza, on a vu le thermomètre, au mois de janvier, descendre à huit ou neuf degrés sous zéro. Toutefois, dans la presqu'île, la neige est rare et de courte durée, si ce n'est sur les stations élevées, où elle ne fond qu'au retour du printemps. Sans doute des causes particulières influent sur le climat de Tripolitza, puisque le Péloponnèse produit en abondance l'Oranger, le Citronnier et même le *Cactus opuntia*, qui n'est guère moins que le Dattier sensible à l'abaissement de la température. Ce végétal épineux, si commun en Palestine et sur les côtes méditerranéennes de l'Afrique, forme des haies de défense dans les campagnes de la Messénie. Il ne paroît pas que le Dattier habite le Péloponnèse : on en voit quelques pieds aux environs d'Athènes ; ce sont les seuls peut-être qui existent dans toute la Grèce continentale. Sur la côte orientale, l'Oranger et le Citronnier pénètrent par la Béotie, la Phocide et la Thessalie, jusque vers le mont Olympe qui sépare la Macédoine de la Thessalie. C'est probablement le point d'arrêt de ces végétaux; du moins aucune des relations que j'ai sous les yeux n'en indique la présence dans la Macédoine et la Thrace, contrées dont le sol, hérissé de montagnes et battu par les vents violens du nord, est couvert en grande partie de forêts semblables par les arbres qui les composent, à celles de la zone tempérée. Le voyageur Hawkins, qui a visité la délicieuse vallée de Tempé, au sud du mont Olympe, et qui a donné la liste des arbres qu'elle produit, n'y a pas trouvé l'Oranger et le Citronnier. A la vérité ils croissent dans l'île de Lemnos, sous la même latitude; mais Sibthorp remarque que le climat n'est déjà plus assez chaud pour faire mûrir leurs fruits. L'Olivier réussit encore sur les côtes de la Macédoine, par 41° de latitude.

A en juger par la végétation, les côtes occidentales sont plus chaudes que les côtes orientales. Près de l'Epire, entre le 39e et le 40e degrés, précisément sous les mêmes latitudes que la vallée de Tempé, Corfou, célèbre par sa fécondité, produit le *Cactus opuntia* et le Dattier.

Les espèces végétales propres à la zone de transition passent de l'Epire dans les provinces Illyriennes. L'Olivier et le Myrte, l'Oranger et le Citronnier, décorent les rochers romantiques des bouches du Cattaro et les côtes du golfe de Guarnero. L'Oranger et le Citronnier ne vont pas au-delà; l'Olivier, le Myrte, le Laurier avec les *Quercus coccifera — ilex — ægilops*, le *Carpinus orientalis*, le *Fraxinus ornus*, le *Pinus pinea*, l'*Osyris alba*, le *Pistacia terebinthus*, le *Capparis spinosa*, etc., suivent le littoral jusqu'au fond de l'Adriatique. Mais cette végétation s'arrête tout à coup à peu de distance de la côte, pour faire place à la végétation de la zone tempérée.

La Grèce possède peu de grandes espèces caractéristiques de la zone de transition, qui ne se retrouvent dans les contrées méditerranéennes de l'Asie, de l'Afrique ou de l'Europe. Les arbres et arbrisseaux les plus communs et les plus remarquables, depuis le cap Matapan jusqu'au mont Olympe à l'orient, et jusqu'aux frontières méridionales de la Dalmatie à l'occident, sont, dans les plaines et sur les collines, *Olea europæa*, *Jasminum fruticans*, *Phyllirea media* et *angustifolia*, *Styrax officinale*, *Arbutus unedo* et *andrachne*, *Myrtus communis*, *Punica granatum*, *Cerasus laurocerasus*, *Ceratonia siliqua*, *Cercis siliquastrum*, *Pistacia terebinthus* et *lentiscus*, *Ziziphus vulgaris* et *spina christi*, *Paliurus australis*, *Rhamnus alaternus*, *Capparis spinosa*, *Acer monspessulanum*, *Laurus nobilis*, *Osyris alba*, *Ficus carica*, *Celtis australis*, *Populus nigra* — *alba* — *tremula* — *pyramidalis* — *atheniensis*, *Cupressus sempervirens*, *Pinus pinea*, *Juniperus phœnicea* — *macrocarpa* — *sabina*, plusieurs *Cistus*, etc. Sur le bord des eaux courantes et dans les lieux humides, *Platanus orientalis*, *Salix monandra* — *triandra* — *fragilis* — *capræa* — *viminalis* — *alba* — *babylonica*, *Alnus glutinosa*, *Vitex agnus castus*, *Nerium oleander*. Sur les côtes de la mer, *Pinus pinea* et *pinaster*, *Quercus ægilops*, etc. Sur les montagnes, *Abies taxifolia*, *Carpinus betulus*, *Salix retusa* (ces trois espèces habitent les plus hautes régions), *Pinus sylvestris*, *Taxus baccata*, *Quercus robur*, *Ostrya vulgaris*, *Fagus sylvatica*, *Castanea vesca* (cette espèce vient dans les régions de moyenne hauteur), *Corylus avellana et columna*, *Populus tremula*, *Fraxinus ornus*, *Tilia platiphyllos*, *Æsculus hippocastanum*, *Pyrus sorbus — aucuparia — malus — communis — aria — torminalis*, *Quercus ilex, — ballota et coccifera*, (ces trois espèces croissent de préférence dans les basses vallées et même dans les plaines).

Les *Vitex agnus castus*, *Pistacia terebinthus*, *Jasminum fruticans*, *Myrtus communis*, *Ficus carica*, *Olea europœa*, *Punica granatum*, etc., ombragent les collines de l'Istrie.

Les *Cupressus sempervirens*, *Quercus ilex*, *coccifera* et *ægilops*, *Ostrya vulgaris*, *Carpinus orientalis*, *Fraxinus ornus*, *Pinus pinea*, *Rhus cotinus*, *Capparis spinosa*, *Osyris alba*, *Juniperus oxycedrus*, *Laurus nobilis*, et beaucoup d'herbes annuelles ou vivaces de la flore méditerranéenne, croissent aux environs de Fiume et de Trieste.

Il est à remarquer que les *Juniperus macrocarpa*, *Quercus ægilops*, *Corylus colurna*, *Populus atheniensis*, *Salix babylonica*, *Arbutus andrachne*, *Æsculus hippocastanum* *Cerasus vulgaris et laurocerasus*, *Amygdalus communis*, *Punica granatum*, qui viennent spontanément dans la Grèce et l'Asie mineure, n'ont pas été trouvés à l'état sauvage à l'ouest de l'Adriatique.

La Sicile, l'Italie, et les provinces méditerranéennes
de la France.

Toutes les circonstances favorables au rapprochement des végétaux du midi et du nord se rencontrent en Sicile. Les gelées sont à peine connues dans les plaines ; les plus grands froids ne font descendre le mercure qu'à zéro, et ces froids sont rares et momentanés. En janvier et février, la moyenne est + 10 à 12° ; en mai + 25 environ ; en août la température s'élève quelquefois jusqu'à + 44°, et quand le sirocco vient à souffler, elle atteint et même dépasse 50°. Palerme (lat. 38°,6'), l'un des points les plus septentrionaux de la côte, donne pour moyenne annuelle + 16°,77 ; pour moyenne de l'hiver + 11°,31 ; du printemps + 14°,48 ; de l'été + 22°,02 ; de l'automne + 18°,97.

Le Sicilien cultive avec plus ou moins de succès, la Canne à sucre, le Bananier, l'Annonier, le Dattier, etc. Les propriétés sont environnées d'*Agave americana*, qui forme des haies impénétrables. A côté du Platane, des Peupliers, des Saules, croissent le *Cactus opuntia*, l'Oranger, le Citronnier, l'Olivier, le Myrte, le Laurier, le Caroubier, le Grenadier, etc. ; l'Arbousier et le *Tamarix* abondent sur les côtes.

Les dattes des environs de Girgente, situé sur la côte méridionale, sont très-bonnes, mais il est douteux qu'on en récolte de semblables aux environs de Palerme, où le Dattier se développe mal et reste chétif.

De toutes les montagnes de Sicile, la plus célèbre est l'Etna, dont l'énorme masse volcanique s'élève à 1618 toises. A sa base, qui n'a pas moins de 20 lieues de circuit, viennent tous les arbres fruitiers propres à la zone de transition ; au-delà est la région forestière. On dit qu'elle s'étendoit jusqu'à la cime il y a deux ou trois siècles ; il est certain qu'aujourd'hui elle s'arrête à une bien moindre hauteur. Les arbres qu'on y a observés sont plusieurs espèces de Chênes, entre autres le

Quercus robur, et le Hêtre, le Frêne, le Prunier, le Figuier, des *Acacia*, et enfin des Pins, des Sapins, des Bouleaux. Ces derniers, qui forment la ceinture supérieure, sont peu nombreux à l'exposition du sud et très-multipliés à celle du nord. Passé cette région, il n'y a que des herbes et des arbustes, parmi lesquels se distingue l'*Astragalus tragacantha*. L'Etna n'a point de neiges permanentes, à moins qu'on ne regarde comme telles les amas de neiges logées dans des crevasses à l'abri du soleil, et qui résistent aux étés les plus chauds, au-dessus de 1440 toises.

Les faits géologiques attestent que la Sicile n'a pas toujours été séparée du continent, et que les montagnes qui couvrent une grande partie de sa surface, ne sont que l'extrémité méridionale des Apennins. Cette chaîne, interrompue par le détroit de Messine, reparoît dans la Calabre; ses cimes les plus hautes sont dans le royaume de Naples. On remarque en Calabre l'*Apromonte* de 800 toises, dans les Abruzzes le *Monte-Amaro* de 1350, la *Majella* de 1250, le *Monte-Corno* de 1600, et quelques autres pics moins considérables. La neige n'est permanente sur aucun sommet. Les Apennins ne sont revêtus d'une riche végétation que dans cette partie méridionale de l'Italie; le reste de la chaîne est en général aride et stérile.

La température de la Calabre, de la Basilicate et de la Pouille est à peu près la même que celle de la Sicile. Les chaleurs de l'été sont insupportables. L'hiver n'amène jamais de gelée. Un grand nombre de rivières et de ruisseaux qui descendent des montagnes, des rosées abondantes, un sol d'une prodigieuse fécondité, entretiennent presque toute l'année, dans la majeure partie de ces contrées, une verdure fraîche et brillante. Les côtes, les plaines et les collines produisent l'Olivier, le Térébinthe, le Lentisque, le *Tamarix*, l'Arbousier, le Jujubier, le Myrte, le Laurier - rose, le Laurier d'Apollon, le Caroubier, des *Rhamnus*, des *Phyllirea*, le *Chamœrops humilis*, le Mûrier, le Platane, le Frêne à manne, le Pin pignon, le Châtaignier, des Erables, des Saules, des Peupliers, etc. Dans les régions les plus chaudes, il y a des bois d'Orangers et de Citronniers : ceux des environs de Reggio sont célèbres. Les roches arides sont couvertes d'*Agave* et de *Cactus*. Au quinzième siècle la culture de la Canne à sucre, étoit en vigueur dans la Calabre et même sur les côtes du Samnium ; aujourd'hui on ne cultive plus que le Cotonnier.

La partie des Apennins qui parcourt la Calabre est ombragée depuis la base jusqu'au sommet d'épaisses forêts de Chênes et de Conifères, parmi lesquels on remarque notre Chêne commun, le Liége, le faux Liége, le *Cerris*, l'*Æsculus*, etc., l'If, le *Laricio*, le Pin sylvestre, le *Pinaster*, le Sapin à feuilles d'if, le Sapin commun, etc.

La plupart des végétaux qui croissent en Calabre, suivent la côte et garnissent le littoral du golfe de Naples et de Gaëte. L'Oranger et le Citronnier viennent aux environs de Naples ; mais déjà le climat ne permet plus que la Canne à sucre y réussisse. Les Français ont essayé inutilement de l'y naturaliser à l'époque où ils étoient les maîtres du pays.

Il arrive quelquefois que la température marque — 2 à 3° à Naples. La neige y est rare ; cependant il n'est pas sans exemple qu'on l'y ait vu tomber pendant trois ou quatre jours. Les chaleurs ordinaires sont + 22 à 25°; les plus fortes chaleurs n'excèdent pas + 32°. Si j'en juge par l'état de la végétation, la moyenne annuelle ne doit pas être de plus d'un degré au-dessus de celle de Rome, c'est-à-dire qu'elle atteindroit à peine + 17°. L'hiver commence dans les derniers jours de décembre; en février, les premières fleurs se développent; en mai on ressent déjà les chaleurs estivales.

Il s'en faut beaucoup que la température des provinces septentrionales du royaume soit aussi chaude que celle des provinces méridionales, et cela ne résulte pas moins de l'élévation subite de la chaîne des Apennins et de l'élargissement de sa base, que de la hauteur des latitudes. L'Oranger et le Citronnier ne peuvent déjà plus supporter le climat du Samnium.

Les plaines des Abruzzes ont des hivers assez froids. Le thermomètre descend à 5 ou 6 degrés sous zéro. Des Chênes et autres arbres forestiers, parmi lesquels les Conifères sont aussi rares qu'ils sont communs en Calabre, ombragent les pentes des montagnes, mais ils ne couronnent point leurs cimes. Le *Pinus pumilio*, celui de tous qui monte le plus haut, s'arrête à 700 toises; au-dessus viennent des arbrisseaux, des arbustes, des herbes propres aux régions élevées que la neige recouvre tous les hivers.

M. Tenore, à qui je suis redevable de notes intéressantes sur la géographie botanique du royaume de Naples, observe que la végétation de la côte orientale a quelques traits de ressemblance avec celle de la Grèce et du Levant; que la végétation de la côte occidentale diffère très-peu de celle des régions australes de l'occident de l'Europe; et que près des deux tiers des espèces qui composent la flore napolitaine figurent dans la flore atlantique. Cette dernière remarque convient également à la végétation des côtes méditerranéennes de la France et de l'Espagne.

L'Olivier et les autres végétaux qui lui servent de cortége suivent le littoral, d'un côté, jusqu'à Rimini, où ils sont arrêtés moins peut-être par la température que par des marais saumâtres, et de l'autre, jusqu'aux bases orientales des Pyrénées.

Dans l'intérieur de l'Italie l'Olivier se montre encore auprès de Padoue (lat. 45°,24′); et, dans des stations abritées, au voisinage des lacs de Garde et de Côme (lat. 45° — 46°), ce qui ne permet guère de douter que ces localités n'aient pour le moins une température annuelle de + 14°.

A Vérone (lat. 45° 26′), à l'est et à peu de distance du lac de Garde, l'Olivier ne vient plus, mais on y voit selon Seguieri, les *Pistacia terebinthus*, *Ziziphus vulgaris*, *Punica granatum*, *Celtis australis*, *Ostya vulgaris*, *Diospyros lotus*, etc.

L'étroite lisière du territoire de Gênes, bornée au sud par la Méditerranée et au nord par le rideau des Apennins, jouit du privilège de nourrir l'Oranger, le Citronnier, le *Chamœrops*, le Dattier, jusque sous le 44°,30′ de lat. environ. De ces quatre arbres, un seul, l'Oranger, est cultivé dans quelques expositions chaudes du midi de la Provence, et il ne s'y maintient que difficilement. L'Olivier s'arrête à peu de distance des limites méridionales des départemens de la Drôme et des Hautes-Alpes; le *Pinus halepensis* forme de petites forêts aux environs d'Antibes, comme aux environs d'Alger.

A partir du littoral de la France jusqu'à la ligne d'arrêt de l'Olivier, et quelquefois au-delà, on retrouve beaucoup de végétaux de la zone de transition qui habitent la Grèce et l'Italie, et qui viennent également dans la Péninsule Hispanique. Les principales espèces ligneuses sont les suivantes : *Pinus pinaster — pinea, Juniperus phœnicea — oxycedrus, Quercus ilex — suber — coccifera, Celtis australis, Ficus carica, Osyris alba, Laurus nobilis, Fraxinus ornus, Phyllirea latifolia — angustifolia, Jasminum fruticans, Vitex agnus castus, Nerium oleander, Diospyros lotus, Styrax officinale, Arbutus unedo, Viburnum tinus, Tamarix gallica — africana, Myrtus communis, Punica granatum, Philadelphus coronarius, Cratœgus azarolus, Mespilus pyracantha, Ceratonia siliqua, Cercis siliquastrum, Rhus cotinus — coriaria, Pistacia lentiscus — terebinthus — vera, Rhamnus alaternus — oleoïdes — infectoria, Ziziphus vulgaris, Paliurus australis, Capparis spinosa, Melia azedarach, Acer monspessulanum*, etc.

La Péninsule Hispanique.

A l'exception de la partie septentrionale de l'Espagne qui forme le littoral du golfe de Gascogne, et qui appartient à la zone tempérée, toute la Péninsule rentre dans la zone de transition.

A l'est, Valence et Murcie, au sud l'Andalousie et les Algarves, à l'ouest l'Alentejo et le midi de l'Estramadure, rappellent la végétation riche et variée des contrées fertiles de la Syrie. Sans doute la température est moins élevée, mais elle est encore assez chaude et assez constante pour favoriser le développement d'une multitude d'espèces des tropiques. Dans l'Andalousie, les gelées sont inconnues ; et la neige, si jamais il en tombe, se fond à l'instant même où elle touche le sol.

L'*Erithrina corallodendron*, le *Schinus molle*, le *Phytolacca dioïca* de l'Amérique méridionale, le Bananier sont communs au sud du Guadalquivir. Autour des habitations champêtres le Dattier, l'Oranger, le Citronnier, l'Olivier, le Grenadier, le Figuier, le Mûrier, viennent presque aussi facilement que sur leur sol natal. Partout des haies formidables de *Cactus opuntia* et d'*Agave americana* défendent les propriétés. Avant l'expulsion des Maures, la Canne à sucre, cultivée en grand, donnoit des produits considérables. De nos jours, à l'époque de la domination des Français, on a vu réussir à *San-Lucar*, dans un jardin d'acclimatation, le Cafier, l'Indigotier, le Gommier. De vastes espaces laissés en friche par une population ignorante et paresseuse, sont envahis par le *Chamærops humilis*.

Cette végétation, en partie exotique, suit les côtes à l'est et à l'ouest. Elle étale tout son luxe dans le délicieux pays de Valence, où la savante agriculture des Maures n'a pas cessé d'être en honneur. Avec les espèces que je viens de nommer, croissent l'*Aloë perfoliata*, le *Yucca aloïfolia*, le *Cassia tomentosa*, le *Melia azedarach*, plusieurs *Mimosa* et *Annona*, etc. La récolte des dattes est très-abondante aux environs d'Alicante. Le Dattier y vient en grandes plantations, et acquiert souvent 120 pieds de haut. Cet arbre croît encore près de la côte orientale jusqu'au 40e degré, et peut-être au-delà. L'*Agave* abonde aux environs de Taragone par 41° 5'. L'Olivier gagne le littoral de la France.

Dans son ensemble, la végétation du versant oriental de la Péninsule diffère peu de celle des autres côtes méditerranéennes. La côte océanique qui forme le versant occidental est moins chaude, selon M. Bory de Saint-Vincent, que les stations correspondantes de la côte orientale : ainsi les végétaux du midi ne doivent pas remonter aussi avant vers le nord. Quoi qu'il en soit, le Dattier, le Citronnier, l'Oranger abondent dans les Algarves et l'Alentejo. L'Oranger est encore très-commun aux environs d'Oporto, par 41°; sans doute l'Olivier ne s'arrête pas au-dessous du 42ᵉ degré. Quant à la végétation considérée dans son ensemble, elle a peut-être plus de traits communs avec celle des îles atlantiques qu'avec celle des côtes méditerranéennes. J'ajouterai qu'un assez grand nombre d'espèces américaines, dont selon toute apparence les graines auront été transportées accidentellement dans des ballots de marchandises, se sont mêlées et confondues avec les espèces indigènes.

Les végétaux les plus communs des plaines et des coteaux incultes sont les *Quercus suber*, *Ilex* et *coccifera*, le *Juniperus sabina*, le *Celtis australis*, le *Laurus nobilis*, les *Pistacia terebinthus* et *lentiscus*, le *Myrtus communis*, les *Phyllirea media* et *angustifolia*, le *Paliurus australis*, le *Rhamnus alaternus*, et plusieurs autres espèces du même genre, le *Viburnum tinus*, l'*Arbutus unedo*, le *Capparis spinosa*, l'*Osyris alba*, les *Jasminum officinale* et *fruticans*, et un grand nombre de Cistes et autres arbrisseaux et arbustes à feuilles persistantes et coriaces. Des plaines immenses sont couvertes de *Lygeum spartum*. Les eaux courantes sont bordées de *Nerium oleander*, de *Bupleurum spinosum*, etc.

Aucune contrée de l'Europe n'est plus triste que l'intérieur de la Péninsule. La plupart des forêts sont tombées sous la hache, et le sol dépouillé est resté sans culture. Des chaînes de montagnes se déploient dans toutes les directions. Entre elles s'étendent des *parameras*, plateaux plus ou moins élevés, souvent aussi nus que les steppes de la Sibérie. M. Bory estime à trois cents ou trois cent cinquante toises l'élévation du paramera qui fait le partage des eaux entre les affluens du Duero et de la Pinserga et du cours supérieur de l'Ebre. Du fond des vallées que ces fleuves parcourent, le voyageur se croit dans une contrée tout hérissée de montagnes; mais s'il monte sur les crêtes, son erreur se dissipe : il n'aperçoit au loin qu'une plaine immense et monotone.

Les forêts qui ont échappé à la destruction sont formées en grande partie de Chênes verts; on y remarque, outre les espèces que j'ai déjà nommées, les *Quercus ballota*, *ægilopifolia*, *faginea*, *prasina*, *crenata*, *rotundifolia*, *humilis*, etc., Ce dernier ne s'élève guère à plus de six pouces. On trouve encore dans les vallées et sur les montagnes le *Tilia europæa* (*platiphyllos?*), le *Fagus sylvatica*, le *Castanea vesca*, le *Taxus baccata*, le *Pinus sylvestris*, le *Fraxinus ornus*, etc. L'arbre forestier le plus commun des plaines de la zone tempérée, le *Quercus robur*, croît sur le versant méridional des Pyrénées. Bowles assure qu'il vient aussi dans d'autres parties de la Péninsule, ce qui me paroît d'autant

plus probable, que mon respectable et savant ami M. Desfontaines en a constaté la présence dans la chaîne de l'Atlas.

Remarques sur la Flore de l'Europe australe et de l'Orient.

La végétation des îles de la Méditerranée est semblable à
celle de la terre ferme. Quelques espèces peu importantes de
plus ou de moins ne constituent pas une différence qui
mérite d'être notée dans un travail général sur la géographie
botanique, et je craindrois de fatiguer le lecteur en repro-
duisant sans cesse les mêmes faits. Peut-être ai-je déjà mé-
rité ce reproche. Je me hâte de terminer ce que j'ai à dire
sur la portion occidentale de la zone de transition tempérée
par quelques considérations générales sur la végétation de
l'Europe australe, de la Turquie d'Asie, de la Perse et des
régions Caucasiennes.

En rassemblant tout ce que nous connaissons de ces contrées, nous trouvons à peu près 7300 espèces, dont 6000
environ, ou les $\frac{4}{5}$, n'ont pas été observées dans l'Afrique septentrionale. Mais il est à propos de remarquer que cette
masse contient au moins 2000 plantes de montagnes, lesquelles ne descendent jamais en plaine.

En comparant la végétation de l'Europe australe à celle
de la Turquie d'Asie, de la Perse et du Caucase, on trouve
que, sur les 7300 espèces, 2000 environ sont communes à
l'Europe et à l'Orient; que 3800 appartiennent exclusivement
à l'Europe, et 1500 à l'Orient; d'où il faudroit conclure, si
ce compte étoit définitif, que l'Europe australe, malgré le

peu d'étendue des pays qui en font partie, possède 2300 espèces de plus que les vastes terres de la Turquie d'Asie, de la
Perse et du Caucase : en sorte que la proportion seroit
comme $1\frac{13}{17}$ à 1; mais ces chiffres indiquent la limite ac-
tuelle de nos connoissances, et non l'état réel des choses.
Nous savons assez bien la flore de l'Europe ; nous n'avons
que des notions très-incomplètes sur celle de l'Orient.

Dans les 7300 espèces, les herbacées vivaces sont aux
annuelles et bisannuelles comme 5 à 3 environ, ou plus
exactement comme $1\frac{3}{7}$ à 1, proportion très-différente de
celle de 7 à 9 que donnent les vivaces comparées aux
annuelles et bisannuelles dans l'Afrique septentrionale. Ici
les annuelles et bisannuelles sont plus nombreuses que les
vivaces ; là au contraire les vivaces dominent. Cette différence
notable résulte de deux causes : la première, c'est que la
partie septentrionale de la zone de transition tempérée est hérissée de hautes montagnes ; la seconde, c'est qu'elle est située
sous des latitudes plus élevées. On ne doit pas perdre de vue
que le rapport des vivaces aux annuelles et bisannuelles
croît de la base au sommet des montagnes et de l'équateur
au pôle. Pour ne pas confondre les résultats de ces deux phénomènes correspondans, il convient de distinguer la végétation des plaines de celle des montagnes. En prenant en bloc
toutes les plantes herbacées observées en Grèce, je vois que
les vivaces sont aux annuelles et bisannuelles dans la proportion de $1\frac{1}{4}$ à 1, ou à peu près de 11 à 8 ; mais si je soustrais
de la masse les espèces propres aux montagnes, et que je ne
considère que les herbes des plaines, j'obtiens la proportion
de 7 à 8. Les espèces herbacées des campagnes de Rome,

abstraction faite des espèces des Apennins, me donnent la proportion de 4 à 5. Les espèces herbacées des plaines de la partie de la France australe qui appartient à la région de l'Olivier, m'offrent, à très peu près, autant d'herbes vivaces que d'herbes annuelles et bisannuelles. Et si je quitte la zone de transition pour la zone tempérée, je trouve que le nombre des espèces vivaces l'emporte sur celui des autres espèces herbacées. Aux environs de Paris ou de Berlin, je compte à peu près deux espèces vivaces pour une annuelle ou bisannuelle. Paris et Berlin sont d'excellens exemples à citer, parce que la supériorité du nombre des espèces vivaces sur celui des annuelles et bisannuelles, ne peut y être imputée qu'à l'élévation des latitudes, puisque les deux localités sont dépourvues de montagnes.

Les végétaux ligneux, arbres, arbrisseaux et arbustes de l'Europe australe, de la Turquie d'Asie, de la Perse et des provinces Caucasiennes, sont aux herbacées de ces contrées dans la proportion de 1 à 6. J'ai obtenu la même proportion pour l'Afrique septentrionale.

Les arbres sont au nombre de 220 à 240. Ils appartiennent à 24 familles, et sont distribués ainsi qu'il suit : Palmiers 2, Conifères 23 à 25, Amentacées 60 à 65, Ulmacées 4, Urticées 7 ou 8, Eléagnées 3, Laurinées 1, Verbénacées 1, Jasminées 6 à 10, Ericinées 2, Ebénacées 1, Styracinées 1, Apocynées 1, Caprifoliacées 6 à 8, Portulacées (Tamariscinées) 4 ou 5, Myrtées 2, Rosacées 40 à 45, Légumineuses 4 ou 5, Térébinthacées 10 à 12, Rhamnées 14 à 16, Acérinées 9 ou 10, Méliacées 1, Aurantiacées 2, Tiliacées 3.

En comparant toute la flore méditerranéenne à la flore

de l'Europe moyenne et des contrées de l'Asie tempérée voisines de la Caspienne, je trouve que sur les 7300 espèces que possède la première, 5000 au moins manquent à la seconde.

Il est temps que je parle de l'Asie orientale ; et quoique je ne puisse séparer de la zone équatoriale la partie de l'Himalaya qui confine à l'Indoustan, et de la zone tempérée le grand plateau du Thibet, il me semble qu'une courte notice sur ces contrées ne paroîtra point déplacée ici. J'exposerai ensuite mes conjectures sur les limites de la zone de transition en Chine, et je terminerai par quelques considérations sur la flore du Japon.

L'Himalaya et la lisière méridionale du Thibet.

La chaîne de l'Himalaya, immense barrière élevée entre les peuples, les animaux, les végétaux et les climats de l'Inde et de l'Asie septentrionale, commence à l'est, non loin du fleuve Bramapouter, par 28°, et se prolonge dans une direction nord-ouest jusqu'à l'Indus, par 35°. Au midi elle s'élève brusquement des plaines du Népaul ; au nord elle s'adosse au plateau du Thibet. Les plus hautes montagnes connues appartiennent à cette chaîne ; elles sont situées entre le 28e et le 32e parallèles. M. Colebrook a déduit des observations du capitaine Blake les hauteurs suivantes : Pic du Chandragiri, 3410 toises (21,935 p. anglais) ; du Swelagar, 3932 toises (25,261 p. a.) ; du Dawalagiri, 4361 toises (28,015 p. a.) : ce dernier pic dépasse donc le Chimborazo de 1003 toises. M. de Humboldt estime que la hauteur moyenne de la crête est de

2450 toises. La limite des neiges perpétuelles se soutient, selon Fraser, entre 2330 et 2500 toises; élévation surprenante à une distance de 5 à 9 degrés du tropique, mais que l'on peut expliquer par la conformation particulière du sol de l'Asie. Tandis que de grands rideaux de montagnes, déployés presque parallèlement à l'équateur, et disposés par échelons entre la Sibérie septentrionale et le Népaul, ralentissent, rompent, arrêtent les torrens d'air froid qui descendent des contrées hyperboréennes, les courans ascendans de l'air chaud des vastes plaines de l'Indoustan, glissant contre les pentes de l'Himalaya, gagnent les régions supérieures, sans mélange ni contact avec l'atmosphère du nord : de là vient sans doute que l'Himalaya rentre dans la zone équatoriale par son climat et sa végétation.

Les basses plaines du Népaul et du Boutan ont une végétation qui diffère à peine de celle de l'Indoustan. Une chaleur et une humidité constantes y entretiennent la verdure pendant toute l'année; les terres cultivées nourrissent à la fois le Manguier, l'Oranger, le Grenadier, le Pêcher, le Pommier, le Poirier, le Noyer, le Bananier, le Bambou, etc. L'*Erithrina monosperma* et le *Bombax heptaphyllum* sont les arbres les plus communs dans les lieux incultes. Les forêts des gradins inférieurs de l'Himalaya sont composées particulièrement de *Shorœa robusta*, mêlés de *Dalbergia*, de *Cedrela*, etc. Entre 300 et 400 toises, on voit paroître le *Pinus longifolia* et le *Mimosa catechu*. A cette hauteur, par 27° 17' de lat., Hamilton estime la moyenne température annuelle + 23°,3 d'après la température d'une source à Bichhakor.

A mesure que le sol s'exhausse, les espèces des plaines de
l'Indoustan deviennent plus rares, et des espèces propres aux
montagnes s'emparent des stations. La végétation reçoit insensiblement l'empreinte générique des productions des contrées du nord, sans cesser d'offrir un grand nombre de types
spécifiques étrangers à nos contrées. On cultive encore l'A-
nanas, la Canne à sucre, le Bambou, le riz dans les vallées
élevées de 500 à 700 toises; mais quand elles atteignent 800
à 1000 toises, on ne cultive plus que l'orge, le blé, le mil-
let et autres grains des zones septentrionales. Les arbres vulgaires sont des *Michelia*, des *Gordonia*, des Sapins, des
Pins, des *Podocarpus*, des Châtaigniers, des Chênes, des
Noyers, des Lauriers, des *Ilex*, etc.

Jamais il ne neige et ne gèle au Boutan, si ce n'est sur les
hautes montagnes; mais à Kathmandou (lat. 27° 41'), capi-
tale du Népaul, élevée de 644 toises environ, il tombe de
la neige tous les hivers. Hamilton évalue + 16 à 17° la
moyenne température annuelle de cette ville. La moyenne
de juin, mois le plus chaud, fut, en 1802, + 23°,4; le *maximum*, + 30°; le *minimum*, + 18°,3. La moyenne de janvier,
mois le plus froid, fut, en 1803, + 8°,9; le *maximum*, + 15°;
le *minimum*, — 0°,5. A une élévation de 6 à 700 toises la
moyenne température annuelle du mont Blanc n'excède
peut-être pas + 4°.

Dans la partie de l'Himalaya qui fait face à l'Indoustan, et
sur la frontière méridionale du Thibet, les Pins, les Sapins,
les Genèvriers, le *Salix tetrasperma*, les Bouleaux, etc.,
parviennent à de grandes hauteurs, quand ils ne sont pas arrêtés par la stérilité du sol, ou par d'affreux escarpemens,

ou par les envahissemens des neiges. A 1900 ou 2000 toises, sur les crêtes qui dominent les voûtes de glaces éternelles d'où s'échappent les sources du Gange, le capitaine Hodgson remarqua un arbre de la famille des Conifères, dont les branches aussi grosses que la jambe rampent sur le sol. Cet arbre, qu'il prend pour une espèce de Pin, et que les Hindous nomment *Chandan*, n'est peut-être que l'*Abies dumosa* de Don, lequel représente, dans les hautes stations de l'Himalaya, le *Pinus pumilio* de nos montagnes. Hodgson retrouva le Chandan entre 31° et 32° de lat., sur le pic du Chour et sur les montagnes neigeuses du Kounawur qui dépendent du Thibet. Dans cette contrée, sur une passe élevée de 2350 toises, A. et P. Gérard observèrent le 2 octobre, sous une tente, le thermomètre à + 10° à midi, à zéro à quatre heures, à — 4°,4 à sept heures du soir, et le lendemain matin à — 8°,3 au lever du soleil, température qui ne semblera pas très-basse, si l'on considère la saison, la hauteur et la latitude. La Vigne, favorisée par l'exposition, donne des raisins délicieux à 1800 toises environ (8000 à 12,000 p. anglais). Il seroit difficile de ne pas reconnoître ici l'effet immédiat du rayonnement solaire d'autant plus efficace, que la couche d'air traversée par les rayons est moins épaisse et plus raréfiée. Les derniers villages, les derniers champs cultivés, sont à 2000 toises; c'est aussi la limite ordinaire des grandes forêts de Pins. Je n'ai pas besoin de dire qu'à cette hauteur les récoltes paient bien faiblement les soins du cultivateur : elles se composent de quelques céréales, de sarazin, de betteraves, etc.

De 2000 à 2200 toises, on voit encore des bouquets de

Pins, de Bouleaux, de Groseillers, de *Rhododendrum*, de *Vaccinium*, etc. Viennent ensuite les petites phanérogames ligneuses ou herbacées propres aux régions glaciales, puis les Mousses et les Lichens qui touchent aux neiges permanentes. Une Campanule en fruit a été recueillie à 2550 toises environ, dans la passe de Chalul, au-delà de la crête méridionale de l'Himalaya; et, s'il faut en croire le narrateur, quelques espèces végètent à une hauteur beaucoup plus considérable. Quoi qu'il en soit, les derniers vestiges de la végétation expirante, diffèrent à peine de la végétation des hauts sommets des Andes, du Caucase, des Carpathes, des Alpes, des Pyrénées, etc., et de celle des contrées hyperboréennes et des terres antarctiques séparées de la Patagonie par le détroit de Magellan. Les grandes flores naturelles, quelque fortement prononcés que soient les caractères qui les séparent les unes des autres, quand, sous l'influence des climats les plus favorables, elles étalent toute la richesse et la variété de leurs formes, se réduisent insensiblement, par l'effet de la diminution progressive de la température annuelle, à un petit nombre de familles et de genres dont les types spécifiques sont partout, sinon semblables, du moins si peu différens, que souvent les botanistes eux-mêmes sont tentés de les confondre.

L'aspect de la lisière méridionale du Thibet est triste et sauvage. De hautes plaines bornées de tous côtés par des chaînes de montagnes surmontées d'énormes pics que couronnent des neiges permanentes, n'offrent souvent à l'œil du voyageur que des sables arides et des terres que le mélange de sels gemmes ou de substances métalliques condamnent à

une stérilité presque absolue. Là, point de grands végétaux;
quelquefois seulement des herbes et des arbrisseaux dont la
petitesse et la maigreur attestent l'état de souffrance et de dé-
nuement. Toutefois il y a des cantons dont le terroir est d'une
meilleure qualité; la Nature les couvre de forêts et de pâturages, ou bien l'homme les soumet à la culture. Les hivers
sont longs et rudes; durant trois mois entiers, les neiges
ferment toute issue aux habitans confinés dans leurs villages.
Les étés sont brûlans; le flanc des montagnes, frappé par les
rayons solaires, renvoie dans l'atmosphère une chaleur excessive. Dans les vallées les moins élevées, et qui ont cependant
14 à 1500 toises de hauteur (9350 pieds anglais), telles
que celle que forment à l'ouest l'Himalaya et la chaîne des
monts Cailas, on cultive le riz, le froment, l'orge, le pa-
vot, le Mûrier. Il y a aussi de grands vignobles, dont les
raisins rivalisent, par la grosseur et le goût, avec ceux du
Caboulistan. L'Abricotier, le Noyer, le Pommier viennent
en forêts.

Il existe sans doute des différences notables entre le climat
de la partie occidentale et celui de la partie orientale du Thibet. Cette dernière, moins élevée et plus voisine du tropique,
a, comme la zone équatoriale, ses époques de sécheresse et de
pluie, et il est probable que la température hivernale y est
généralement moins basse que dans le Kounawur, quoique
déjà les froids y soient très-vifs.

Les Alpes du Thibet, de même que celles du Népaul et du
Boutan, produisent des Pins, des Sapins, des Genèvriers, des
Chênes, des Coudriers, des Aulnes, des Saules, des Bouleaux,
des Erables, des *Æsculus*, des Frênes, des *Ilex*, des Gro-

seilliers, des Framboisiers, des *Rhododendrum*, des *Vaccinium*, etc.

L'Himalaya et le Thibet me conduisent jusqu'à la frontière occidentale de la Chine, où je vais retrouver la zone de transition. Mais quels renseignemens positifs donner sur la végétation d'une contrée que les mœurs immuables ou, si j'ose dire, l'espèce d'instinct de la race d'hommes qui l'habitent, isolent du reste du monde, bien mieux que ne le feroient des mers immenses, des déserts affreux, des montagnes plus hautes et plus âpres que la chaîne de l'Himalaya?

La Chine.

La Chine, située entre le 20ᵉ et le 42ᵉ degrés de latitude, sous les longitudes les plus orientales de l'Ancien Monde, a une température qui semblera très-basse en comparaison de celle des contrées occidentales correspondantes que baigne l'Océan atlantique. D'après cela, et en ayant égard aux notes relatives à la végétation de la Chine, dispersées dans les relations de quelques voyageurs, j'admettrai que la flore équatoriale de ces contrées ne se porte pas au-delà du 27ᵉ parallèle, même dans les expositions les plus favorables. Si cette hypothèse est fondée, la chaîne des monts Milins, qui court de l'ouest à l'est dans une longueur de plus de 360 lieues, puis se dirige brusquement vers le nord-est à peu de distance de la mer, et sépare du reste de l'empire les provinces méridionales de Yun-nan, Koang-si, Canton et la province orientale de Fo-kien, marque le terme de la zone équatoriale et le commencement de la zone de transition.

Les observations thermométriques faites par Raper à Canton, donnent pour moyenne de l'année 1764 + 24, pour moyenne d'août + 30°,11, pour moyenne de janvier, mois le plus froid, + 15°,8. En août, le *maximum* fut + 31°,6, et le *minimum* + 26°,6. En janvier le *maximum* fut + 19°, et le *minimum* + 10°,5. M. de Humboldt, d'après des autorités qui me sont inconnues, réduit la moyenne de Canton à + 22°,9. Il observe que quelquefois le thermomètre tombe jusqu'à zéro, et que, par l'effet du rayonnement, il se forme de la glace sur les terrasses des maisons. Cette dernière assertion vient à l'appui de ce que je lis dans les voyages de lord Mackartney et de Krusenstern. L'ambassade anglaise arrivant à Canton en décembre 1793, n'y trouva pas superflu l'usage du feu de cheminées, et treize années après, en décembre, Krusenstern vit vendre de la glace dans les rues. Ces froids sont instantanés ; ils n'empêchent pas que la végétation ne soit tout équatoriale.

Parmi les familles les plus remarquables des provinces méridionales, je citerai les Palmiers, les Laurinées, les Capparidées, les Menispermées, les Malvacées, les Bombacées, les Camelliacées, les Ternstromiacées, les Aurantiacées, les Sapindacées, les Magnoliacées, les Térébinthacées, les Rhamnées, les Légumineuses, les Myrthées, etc. Le cultivateur fait croître à coté du Bananier, du Goyavier, de l'Oranger, du Papayer, du Cocotier, du Litchi, du Thé, de la Canne à sucre, le Pêcher, l'Abricotier, la Vigne, le Grenadier, le Châtaignier; mais ces derniers végétaux donnent rarement de bons fruits. Ce mélange des arbres de l'Inde et de ceux de l'Asie mineure reparoît sur les côtes occidentales de l'île Formose, entre 22°,8′ et 25°,20′ de latitude.

La plupart des végétaux de la zone équatoriale ne franchissent pas les monts Milins. Le revers septentrional de ces montagnes, tantôt rocailleux et stérile, tantôt ombragé par de grandes forêts de Chênes, de Charmes, de Peupliers, subit de longs et rudes hivers, durant lesquels le sol des vallées est enseveli sous la neige. Entre les monts Milins (lat. 25 à 27°), et le fleuve Jaune (lat. 35°), la végétation présente tous les caractères de la zone de transition. Les différentes espèces d'Orangers, de Citronniers, le Thé, la Canne à sucre, le Riz, le Grenadier, les Mûriers blanc et noir, la Vigne, le Noyer, le Châtaignier, le Pêcher, l'Abricotier, le Figuier sont cultivés sur le même sol, mais on n'y trouve plus les Palmiers, le Bananier, le Goyavier, le Papayer, ni aucune autre espèce qui demande la chaleur soutenue des contrées équatoriales. Les campagnes produisent une espèce de *Bambusa*, le *Phyllanthus niuri*, le *Melia azedarach*, le *Stillingia sebifera*, qui donne une sorte de cire avec laquelle les Chinois fabriquent des bougies, le *Thea chinensis*, plusieurs *Camellia*, entre autres le *Sesanqua*, dont on extrait une huile bien inférieure à celle de *l'Olea europæa* qui est inconnue en Chine, l'*Olea fragrans*, le *Sophora japonica*, le *Sterculia platanifolia*, l'*Aylantus glandulosa*, le *Vitex incisa*, des *Clerodendrum*, des *Mimosa*, des *Nerium*, des *Rhamnus*, l'*Æsculus hippocastanum*, l'*Abies orientalis*, le *Pinus massoniana*, peut-être les *Pinus longifolia* et *pinea* (1), des *Juniperus*, des *Cupressus*, le *Cunninghamia sinensis*,

______

(1) Staunton dit que la Chine produit une espèce de Pin dont les cones très-gros contiennent des graines dont les Chinois mangent l'amande avec plaisir. Il se pourroit que le Pin en question fût le *Pinus pinea*.

le *Podocarpus macrophylla*, le *Thuya orientalis*, des Saules, etc.

Sur les bords enchanteurs du Yang-tsé-kiang ou fleuve Bleu et des rivières méridionales qui grossissent ses eaux, le Camphrier, le *Stillingia sebifera*, le Châtaignier, le Bambou, ce géant des Graminées, croissent à côté des Pins, des Thuya, des Cyprès, dont la couleur sombre et l'aspect uniforme contrastent avec la végétation riche, brillante et variée qui les environne. Le *Nelumbo* étale ses fleurs superbes à la surface du fleuve. Le Bambou forme des forêts dans le Tché-kiang (lat. 29° 30'—30°). Il suit avec le Pin la lisière des routes du Kiang-si (lat. 24°—30°), et du Kiang-nan (lat. 25°—30°). Toute la zone abonde en Conifères. Les montagnes sont garnies de Pins, ou du moins de grands arbres qui ont une telle affinité avec eux qu'ils n'appartient qu'aux botanistes d'en marquer la différence. Dans le Kiang-si, des collines entières sont couvertes de *Camellia sesanqua*. Celles qui entourent la ville de Thong-kiang (lat. 29°) sont couronnées d'Orangers. Cet arbre, avec le Citronnier, vient encore à Koué-té-fou (lat. 34°,30') sur la rive droite du fleuve Jaune. Le *Thea sinensis* croît partout dans les haies. Staunton, rédacteur du voyage de lord Mackartney, asssigne le 30e degré pour ligne d'arrêt septentrionale de cet arbrisseau; il se trompe, le *Thea* remonte plus haut. On en récolte la feuille à Tchang-tchou-fou, sous le 32e degré, et si Linné a été bien informé, on la récolte même à Pékin (1), ce qui ne

____

(1) *Thea* a Canton ad Pechinum usque in China reperitur, quod mirandum. Urbs Pechini æquali a polo longitudine distat ac Roma, regiones vero orientales europæis nostris longe sunt frigidiores, adeo ut observationes Pechini institutæ

paroît pas impossible, quoique je n'en aie trouvé nulle part la confirmation, puisque Kaempfer assure que le *Thea bohea* croît aux environs d'Iedo, dans l'île japonaise de Niphon, où la température hivernale doit être très-basse. En tenant pour certain le fait avancé par Linné, j'y verrais une nouvelle preuve de ce que peuvent les chaleurs estivales contre l'influence de l'hiver. Je ne puis suivre la Canne à sucre que jusqu'au 29ᵉ ou 30ᵉ degré : c'est dans le Sé-tchuen, province occidentale bornée par les montagnes du Thibet, et probablement plus froide que les provinces maritimes sous la même latitude ; ce qui me porte à croire que la Canne à sucre est cultivée plus au nord dans le Tché-kiang et le Kiang-nan.

En Chine, à des latitudes très-basses, l'hiver, avec ses caractères septentrionaux, commence à marquer sa présence dans le cours des saisons. Sous le 30ᵉ degré, au voisinage du port Hing-pé, le *Stillingia sebifera* perd ses feuilles au mois de novembre. Un degré et demi plus au nord, l'île Tsong-ming, à l'embouchure du fleuve Bleu, a un hiver d'une douzaine de jours, pendant lesquels il tombe de la neige qui, à la vérité, se fond aux premiers rayons du soleil. Le P. Bouvet, témoin oculaire, rapporte que, le 17 février 1688, à 25 lieues de la mer, par 34°, il tomboit de la neige, et que le Hoang-ho, ou fleuve Jaune, étoit obstrué par des glaces : peut-être ces glaces avoient-elles été apportées du haut pays par les eaux. Quoi qu'il en soit, rien ne paroît plus certain que dans le Pé-tché-li, qui ne s'étend pas au-delà du 42ᵉ degré, mais qui s'élève

---

frigus ibidem multo acerbius ac Stockholmiæ esse contendant. *Amœn. Acad.*, t. 8, p. 237.

insensiblement depuis le Hoang-ho et la mer Jaune jusqu'à la grande muraille, les rivières sont gelées de la fin de novembre à la mi-mars, et qu'à Pékin (lat. 39°, 54′) dont la moyenne température n'est que $+$ 12°,7, les hivers sont très-rudes ; cependant le Laurier-rose, le *Vitex negundo* et le *Nelumbo*, croissent en plein air dans les environs.

Les faits que je viens d'exposer me déterminent à prendre le fleuve Jaune et la rivière Hoeï-ho pour ligne de séparation de la zone de transition et de la zone tempérée.

Le Japon.

De même que la Chine, le Japon subit l'influence du climat oriental. Sa température est beaucoup plus basse que celle de Maroc, de Madère, et de la Péninsule Hispanique, situés sous les mêmes parallèles. Les îles Kiusiu et Sikokf et la partie méridionale de l'île Niphon, terminent à l'orient la zone de transition. Ces îles sont coupées par des montagnes, dont plusieurs atteignent à une grande hauteur. Les étés sont très-chauds, mais en hiver la température baisse sensiblement. Les observations thermométriques faites par Thunberg en 1775, à Nangasaki, par 32° 45′, ne donnent que $+$ 16° pour moyenne température de l'année ; aussi les Bananiers cultivés dans les environs ne produisent pas de fruits. Le mois d'août est l'époque des plus grandes chaleurs. Le thermomètre monte à $+$ 36 ou 37°, quelquefois même il s'élève jusqu'à $+$ 43°. L'hiver commence en janvier et finit en février. Pendant ces deux mois le mercure oscille entre $+$ 21° et $-$ 2°. De temps à autre la neige blanchit la terre, et la surface de l'eau se prend en glace.

L'île Niphon est traversée par la ligne d'arrêt septentrionale de la zone de transition. Je n'essaierai pas de déterminer exactement la hauteur de cette limite : ce seroit peine inutile. La température de Niphon nous est inconnue; et, quant à sa végétation, nous n'en savons que ce qu'en a vu Thunberg, pendant le voyage qu'il fit en 1776, de Nangasaki à Iedo, sous la surveillance d'une escorte qui ne lui permettoit pas de s'écarter de la route. Il existe à Osaka (lat. 34° 5') un jardin de botanique où sont rassemblés beaucoup de végétaux de l'empire. Le *Dracæna revoluta*, le *Laurus camphora*, et d'autres espèces auxquelles une température douce est indispensable, s'y maintiennent en plein air. Le *Thea chinensis*, qui forme, avec le *Camellia japonica* et les *Lycium barbarum* et *japonicum* toutes les haies de Kiusiu, croît encore sur les pentes des montagnes entre Miako (lat. 35°) et Iedo (lat. 36° 14'); mais le *Thea* paroît être du nombre de ces végétaux que de fortes chaleurs d'été protégent contre l'hiver. Il est très-probable que la moyenne d'Iedo est beaucoup plus foible que celle d'Osaka et de Nangasaki.

La végétation arborescente des montagnes de Niphon se compose en majeure partie d'espèces septentrionales : telles sont les *Tilia europæa*, *Pinus sylvestris* — *cembra* — *strobus*, *Abies excelsa*, *Larix europæa*.

Au nord de Niphon, dans l'île d'Iesso, à Matsumaï, par 42°, latitude supérieure à celle de Rome de 7' seulement, l'hiver est long et sévère : le thermomètre descend à —18 ou 19°; une épaisse couche de neige revêt le sol depuis novembre jusqu'en avril.

Thunberg nous a fait connoître 755 phanérogames du Japon; la plupart ont été recueillies aux environs de Nangasaki et dans quelques îles voisines. Cet échantillon des productions végétales du pays suffit pour donner une idée du caractère général de la végétation. C'est ce qu'on peut appeler une flore insulaire. On seroit tenté de dire pour le Japon, comme pour beaucoup d'autres îles, qu'originairement la population végétale y étoit très-foible, et qu'elle ne s'est accrue peu à peu que par colonisations.

Sur les 755 plantes phanérogames, j'en compte 240 de l'Ancien Continent; quelques unes sont des Indes, telles que: *Salix japonica, Elæagnus umbellata, Citrus aurantium — decumana, Broussonetia papyrifera, Laurus camphora, Bambusa arundinacea, Melia azedarach*, etc.; d'autres de la Chine, telles que: *Podocarpus macrophylla, Cupressus patula, Thuya orientalis, Ficus pumila, Quercus dentata, Bladhia japonica, Olea fragrans, Sophora japonica, Aylantus glandulosa, Camellia sesanqua* et *japonica, Illicium anisatum, Hydrangea hortensia, Citrus trifoliata, Cycas revoluta, Raphis flabelliformis*, etc.; d'autres de la portion occidentale de la zone de transition, telles que: *Morus alba* et *nigra, Nerium oleander, Ziziphus vulgaris, Punica granatum, Tamarix gallica, Ilex aquifolium, Cercis siliquastrum*, des *Prunus, Pyrus, Amygdalus, Ficus*, etc.; d'autres sont communes à toute l'Europe et à l'Asie septentrionale, telles que *Taxus baccata, Juniperus communis, Pinus sylvestris* et *cembra, Larix europœa, Abies excelsa, Castanea vesca, Betula alba, Alnus glutinosa, Salix alba, Fraxinus excelsior, Sambucus nigra*, etc. Il y a aussi une trentaine d'espèces de l'Amérique septentrionale, parmi lesquelles je remarque : *Rhododendrum maximum*, *Sambucus canadensis*, *Bignonia catalpa*, *Magnolia glauca*, *Æsculus pavia*, *Pinus strobus*, *Juniperus bermudiana* et *barbadensis*, *Juglans nigra*, *Amorpha fruticosa*, *Vitis labrusca*, etc. C'est un spectacle singulier pour le botaniste, que le rapprochement sur la même terre de ces types divers, qui appartiennent à la végétation de contrées si éloignées les unes des autres.

Dans la partie la plus méridionale du Japon, les formes des pays chauds ne sont pas rares ; on trouve des Camelliacées, des Ternstromiacées, des Sapindacées, des Magnoliacées, des Bignoniacées, des Ardisiacées, des *Gardenia*, des *Begonia*, des Amomées, des *Epidendrum*, des *Commelina*, un Palmier, une Cycadée, etc. ; mais en général les types génériques dominans sont les mêmes que ceux du reste de la zone de transition dans l'Ancien Continent.

Les arbres et les arbrisseaux les plus remarquables qui n'ont été observés jusqu'à présent que dans cette contrée, sont les suivans : *Salix integra*, *Betula japonica*, *Quercus glabra* — *glauca* — *acuta* — *cuspidata* — *serrata*, *Cupressus japonica*, *Thuya dolabrata*, *Salisburya adianthifolia*, *Podocarpus nageia*, *Taxus nucifera* — *verticillata*, *Celtis orientalis*, quatre ou cinq *Elæagnus*, quatre *Laurus*, *Osyris japonica*, *Nerium divaricatum*, *Diospyros kaki*, *Syringa suspensa*, *Callicarpa japonica*, *Volkameria japonica*, *Vitex rotunda*, *Clerodendrum dichotomum*, *Paullinia japonica*, *Magnolia obovata* — *kobus*, *Citrus japonica*, six *Acer*, trois *Vitis*, six *Ilex*, plusieurs *Prunus* et *Cratægus*, etc.

Je suis bien trompé si la plupart de ces espèces n'habitent pas également la Chine.

Renseignemens sur la puissance expansive des espèces ligneuses les plus remarquables des contrées boréales de l'Ancien Monde, servant de notes justificatives.

Cucifera thebaïca. Congo, Guinée, Sénégal (*Schmidt ; R. Brown,* dans le voyage du capitaine *Tuckey*) ; Sennâr. — Egypte supérieure, (*Delile, Caillaud*), Arabie (*Delile*) ; Lac Tibérias (*Burckhardt*).

Phœnix dactylifera. Contrées les plus méridionales : Sénégal (*Adanson, Gray*) ; Soudan et Bournou, rare (*Oudney, Clapperton, Denham*) ; Sennâr, rare (*Caillaud*) ; Yémen (*Forskal*) ; littoral du golfe Persique (*Chardin, Pottinger,* et autres) ; presqu'île de Guzerat (*Macmurdoc*). — Contrées les plus septentrianales où il est cultivé pour ses fruits : provinces méridionales du Portugal (*Bory de Saint-Vincent*) ; Valence (*Cavanilles*) ; Sicile (*Tenore, de Sayves*) ; Corfou (*Dodwell, Bory*) ; Syrie et Mésopotamie, entre 34° et 35° de lat. (*Olivier, Kinneir, Buckingham, Niebuhr* et autres) ; Perse méridionale et Béloutchistan, entre 29° et 30° (*Chardin, Pottinger, Kinneir*) ; bords de l'Indus et de ses affluens entre 32° et 33° (*Elphinstone*). Limites au nord, où il ne porte plus de fruits : côte orientale de l'Espagne vers 41° (*Cavanilles*) et peut-être plus haut. J'ignore sa limite extrême en Portugal. Iles d'Hyères et situations privilégiées de la Provence (*Arthur Young, De Candolle*) ; rivière de Gênes (*De Saussure* et autres) ; Rome (*De Buch*) ; Athènes (*Dodwell*) ; Smyrne (*Hasselquist.* Aucun voyageur ne l'indique sur les côtes plus septentrionales de l'Asie mineure). Péchawur dans le Caboulistan, par 34° (*Elphinstone*).

Chamœrops humilis. Arabie Pétrée (*Rauwolff*) ; Barbarie (*Desfontaines, Della-Cella*) ; Italie (*Tenore, Santi, Viviani, Sebastiani et Mauri*), sur la côte occidentale jusqu'à Nice (*Allione, Viviani,*

De Candolle); Espagne (*Cavanilles, Bory*), jusqu'à Lérida , sur la côte orientale (*Dufour*).

Musa paradisiaca. Cultivé partout dans la zone équatoriale. Afrique septentrionale (*Desfont., Delile, Della-Cella*); Syrie et Mésopotamie (*Olivier, Hasselq.*); Sicile (*Tenore*); Valence (*Cavan.*); sur les côtes méridionales de la Péninsule Hispanique (*Bory*).

Pinus laricio. Géorgie , Crimée (*Bieberstein*); Apennins en Calabre (*Tenore*); Corse (*De Cand.*); Pyrénées (*Pinus sanguinea* , *Lapeyr.*).

Pinus halepensis. Atlas (*Desfont.*); Cyrénaïque? (Pin blanc de M. *Pacho?*); Syrie, Asie-Mineure (*Olivier*); Italie australe (*Tenore*); Antibes (*De Cand.*).

Pinus pinaster. Grèce (*Sibthorp*); Abruzzes (*Tenore*); France méridionale et occidentale (*De Cand.*); naturalisé aux environs de Paris.

Pinus sylvestris. Caucase (*Bieberstein*); Olympe de Bythinie et Péloponnèse (*Sibthorp*); Calabre (*Tenore*); Valence (*Cavan.*); Pyrénées (*Ramond, De Cand.*). — Laponie jusqu'à 70°, (sous cette latitude il monte encore à 125 toises, *Wahlenberg* et *De Buch*); Boukharie (*Falk*); Sibérie occidentale , sur l'Oby, encore sous 64°, peut-être au-delà (*Soujef*, dans les voyages de *Pallas*); Sibérie orientale jusqu'aux monts Stanovoy, par 62° à 63° de latitude (*Sauer*, dans la relation de l'expédition du capitaine Billing); montagnes du Kamtchatka , entre 55° et 57° (le même ; *Steller* ne l'a point observé dans ce pays); Daourie (*Georgi*).

Abies taxifolia. Caucase (*Bieberstein, Pallas*); Asie mineure (*Hasselquist, Tournefort*); Grèce (*Sibthorp, Dodwell*); Italie australe (*Tenore*). — Il manque dans les îles Britanniques et en Scandinavie. Oural entier et plaines du nord de la Russie ; dans toutes les chaînes de la Sibérie méridionale (*Pallas, Gmelin*, et autres); Daourie (*Georgi*); Sibérie orientale , à l'est de l'Aldan jusqu'à 62° de latitude (*Sauer*); Kamtchatka entre 55° et 57° (*Steller*).

Abies excelsa. Calabre; montagnes des Abruzzes, entre 35o et 5oo toises (*Tenore*); Pyrénées. — Il manque dans les îles Britanniqes. Côtes de la Norwége jusqu'à 67°; Alpes de Laponie jusqu'à 69°; par 68° 3o', il monte encore à 133 toises (*De Buch* et *Wahlenberg*); Russie jusqu'au voisinage de la mer Blanche (*Pallas*); Sibérie, sur l'Oby jusqu'au voisinage du 68° (*Soujef*); il manque à l'est du Léna (*Pallas, Gmelin*); Daourie (*Georgi*).

Larix europæa. Alpes du Dauphine, du Piémont, de la Carniole et de la Hongrie (manque dans les plaines de l'Europe moyenne et en Scandinavie). Dans toutes les chaînes de l'Empire russe, depuis l'Oural jusqu'à l'Océan oriental; au nord, jusqu'à la mer Glaciale par pieds épars; en bois rabougris, par 67°, sur l'Oby; entre 68° et 69°, sur le Jenissey et le Kolyma; par 67° près des sources de l'Anadyr (*Gmelin, Pallas, Soujef, Sauer*); Daourie (*Georgi*); Kamtchatka (*Steller, Sauer*); Japon (*Thunberg*); îles Kouriles (*Pallas*).

Pinus cembra. Indiqué presque partout avec le *Larix*, et confiné comme lui sur les stations alpines, dans l'Europe tempérée. En Sibérie, il se cantonne de préférence vers le sommet des montagnes et végète dans quelques contrées où l'on ne voit plus le *Larix*, comme dans le nord du Kamtchatka, le pays des Tchoutches et sur les plages les plus voisines de la mer Glaciale. Là, selon les voyageurs, ce n'est plus qu'un arbrisseau bas ou même rampant, tandis que dans les contrées plus méridionales, c'est un arbre assez élevé. J'ignore si ces différences sont dues uniquement aux influences du climat, ainsi qu'on l'observe pour le *Pinus pumilio*, ou si elles indiquent deux espèces distinctes. De Saussure penche à croire que le Cembro à tronc élevé de la Sibérie, diffère de celui des Alpes de l'Europe. M. De Candolle a adopté la même opinion relativement au Mélèze de la Sibérie, espèce qui cependant ne sauroit guère être considérée comme appartenant spécialement à ce pays: il est peu probable que le Mélèze des plages boréales de la Russie d'Europe ne soit pas le même que celui des bouches de l'Oby, ces régions n'étant séparées par aucune limite naturelle.

Cupressus sempervirens. Barbarie (*Desfont.*, *Della-Cella*); jardins de l'Egypte (*Delile*); Palestine (*Hasselquist*); Asie mineure (*Olivier*, *Tournefort*, *Sibthorp* et autres); régions du Caucase (*Pallas*, *Guldenstœdt*, *Bieberstein*); Perse entière (*Chardin*, *Olivier*, *Kinneir*): Caboulistan? (*Elphinstone*, ce voyageur parle de plusieurs espèces de Cyprès). Planté comme arbre d'ornement dans l'Europe australe; il supporte encore en plein air le climat de Paris et y donne des graines fécondes.

Juniperus phœnicea. Barbarie (*Desfont.*, *Della-Cella*); jardins de l'Egypte (*Delile*); Palestine (*Hasselquist*); Asie mineure (*Olivier* et autres); régions du Caucase (*Bieberstein*). Europe australe entière.

Taxus baccata. Régions du Caucase (*Bieberst.*, *Guldenst.*, *Pallas*); Grèce (*Sibthorp*); Apennins en Toscane (*Santi*); montagnes de Valence (*Cavanilles*). — Ecosse (*Lightfoot*); côtes de la Suède jusqu'à 58°, rare dans l'intérieur du pays (*Linné*); Varsovie (*Schubert*); *manque* en Livónie (*De Bray*) ainsi que dans tout l'Empire russe (la Crimée et le Caucase exceptés), d'après tous les auteurs.

Quercus ballota. Atlas (*Desfont.*); Espagne, Portugal (*Bory*); Grèce (*Sibthorp*).

Quercus pseudo-suber. Atlas (*Desfont.*); Calabre (*Tenore*); Toscane (*Santi*).

Quercus esculus. Asie mineure (*Sibthorp*, *Olivier*); Grèce (*Sibthorp*); Calabre, Abruzzes (*Tenore*).

Quercus œgilops. Asie mineure (*Sibthorp*, *Olivier*); Grèce (*Sibthorp*); Carniole (*Scopoli*).

Quercus suber. Atlas (*Desfont.*); Espagne (*Cavanilles*, *Bory*); Italie australe (*Tenore*); Carniole (*Scopoli*); Nice (*Allione*, cet auteur ne l'indique pas dans le Piémont); France occidentale jusqu'à l'île de Noirmoutiers, par 47° (*Bonamy*).

Quercus ilex et *coccifera.* Atlas (*Desfont.*); Palestine (*Pockoke*); Europe australe entière. — France occidentale jusqu'à 47° (*Bonamy*);

Nice (*Allion*); Toscane (*Santi*); Carniole (*Scopoli*). Ils fleurissent en plein air sous le climat de Paris, mais ne mûrissent pas leurs fruits.

Quercus robur (*pedunculata* et *sessiliflora* des auteurs). Partie montueuse de toute l'Asie mineure, Arménie et régions du Caucase (*Tournefort, Olivier, Sibthorp, Bieberstein, Pallas, Guldenstœdt* et tous les voyageurs); Grèce (*Sibthorp*); Italie australe (*Tenore*); Valence (*Cavanilles*). — Côtes de la Norwége jusqu'à 63°, par pieds épars et mal venus; réussit parfaitement à Christiania, lat. 60° (*De Buch*); intérieur de la Suède jusqu'à environ 60°; s'arrête sur la côte orientale par 60° 40' (*Linné*); côtes de la Finlande jusque près d'Abo, lat. 60° 27' (*De Buch*); épars et mal venu en Livonie (lat. 56° 30'.—59° 30'), les forêts en sont rares dans les parties méridionales de ce pays (*De Bray*); très-rare dans la Grande-Russie au-delà de 56°; s'arrête dans les monts Waldaï et sur le fleuve Msta, vers 58° (*Guldenstœdt, Falk*); en forêts à Kazan, par 56° (*Erdmann*); s'arrête sur le Wolga et ses affluens, entre 57° et 58° (statistiques russes citées par *Malte-Brun*); s'arrête en Permie à Ossa sur le Kama, entre 57° et 58° (*Gmelin*); nulle part à l'est des monts Oural jusqu'aux fleuves Amour et Argoun en Daourie, où il reparoît entre 50° et 55° (*Gmelin, Pallas*); plusieurs missionnaires, cités par *Duhalde*, et les botanistes de l'ambassade de lord Mackartney, croient avoir observé le *Chêne commun d'Europe* dans les montagnes des environs de Pékin et dans différentes contrées de la Tartarie chinoise. Falk ne le cite point parmi les végétaux de la Boukharie et de la Soongarie.

Fagus sylvatica. Palestine (*Hasselquist*); Asie mineure, Arménie (*Tournefort, Olivier, Jaubert, Kinneir*); Mazandéran (*Pallas, Trézel*); Grèce (*Sibthorp*); Sicile, Italie australe (*Tenore*); Valence (*Cavanilles*). — Naturalisé dans les îles Britanniques (*Ligthfoot, Smith*); Norwége jusqu'à 59°, dans des expositions favorables; Suède jusqu'à 58° 30', en Westergothie, jusqu'à 57° au Smoland, jusqu'à

Calmar (lat. 56° 40') sur les côtes de la Baltique (*De Buch*); en vastes forêts en Scanie et au Smoland, épars en Bahusie (*Linné*); Prusse, Lithuanie et Pologne; jusqu'à 55° (*Schouw*); Crimée méridionale, régions Caucasiennes jusqu'au Térek; nulle part dans tout le reste de la Russie, pas même en Podolie ni en Volhinie, quoiqu'il abonde dans les contrées limitrophes plus occidentales (*Pallas*, *Gmelin*, *Guldenstœdt*, *Georgi*, *Falk*, *Bieberstein*).

Castanea vesca. Canaries, Ténériffe (*De Buch*, *Bowdich*); Asie mineure, Arménie (*Tournef.*, *Oliv.*, *Kinneir*, *Jaubert*); régions du Caucase (*Pall.*, *Bieberst.*, *Guldenst.*); Europe australe entière. Dans les forêts de l'Angleterre (naturalisé) (*Smith*); il n'y mûrit plus ses fruits dans les comtés septentrionaux entre 54° et 56° (*Winch*); étranger à la Scandinavie; il en existe quelques pieds seulement à Lund en Scanie, par 56° 42' (*De Buch*); cultivé à Varsovie (*Schubert*, sans doute il n'y porte point de fruits). Selon *Pallas*, il supporte encore le climat de l'Ukraine (lat. 48° — 51°); mais il ne vient point spontanément au nord du Térek, dans tout l'Empire russe. Il paroît que cet arbre ne mûrit plus ses fruits partout où la vigne ne peut être cultivée avec succès. *Thunberg* indique le *Castanea vesca* au Japon, *Loureiro* en Cochinchine et à Canton; et d'après les renseignemens des voyageurs, le Châtaignier est un arbre fruitier très-commun dans toute la Chine jusqu'à Pékin, et même à 2 ou 3 degrés au-delà. Il n'est cependant pas certain que l'espèce dont il s'agit soit la même que celle des contrées occidentales de l'Ancien Monde; *Loureiro* indique plusieurs caractères différentiels dans la description qu'il en donne. *Hamilton* parle de forêts de Châtaigniers croissant dans la région montueuse du Népaul, sans déterminer l'espèce à laquelle ils appartiennent.

Ostrya vulgaris. Asie mineure, Grèce (*Sibthorp*); Italie australe (*Tenore*); Carniole (*Scopoli*); Croatie, Esclavonie (*Waldstein* et *Kitaibel*); Toscane (*Santi*).

Carpinus orientalis. Arménie (*Tournefort*); Italie australe (*Tenore*);

Istrie (*Scopoli*); Croatie, Syrmie, Bannat (*Waldstein* et *Kitaibel*).

Carpinus betulus. Ghilan, Mazandéran (*Pallas*, *Trézel*); régions du Caucase (*Pall.*, *Guldenst.*, *Bieberst.*); Arménie, Asie mineure (*Tournef.*, *Oliv. Jaubert*, *Kinneir*); Europe australe entière. — Écosse(*Lightfoot*); Suède: en forêts dans la Scanie (entre 55° et 56°), épars dans le Smoland (*Linné*; selon *M. de Buch*, il ne dépasse pas les limites septentrionales de la Scanie); *manque* en Livonie (*de Bray*); Pologne (*Schubert*); Russie, dans les contrées arrosées par le Don et le Dnieper, jusqu'à 51° à 52°; *manque* sur le Wolga (*Guldenstœdt*, *Falk*, *Pallas*).

Alnus glutinosa. Atlas (*Desfontaines*); Europe australe entière (*Sibth.*, *De Cand.*, *Tenore*, *Cavan.*, *Bory*, etc.); régions Caucasiennes (*Pallas*, *Bieberst.*). — Suède jusqu'en Gothie (*Linné*); manque en Laponie (*Wahlenberg*); Russie jusqu'à la mer Blanche; rare en Sibérie(*Pallas*, *Gmelin*); Japon (*Thunberg*); *Amérique septentrionale*, du Canada à la mer Glaciale (*Pursh*, *Michaux*, *Richardson*).

Alnus incana. Pyrénées (*De Cand*); Caucase (*Bieberstein*); Laponie, Russie et Sibérie jusqu'à la mer Glaciale (*Wahlenberg*, *Pall.*, *Gmel.*, *Soujef*, *Sauer*); Kamtchatka (*Steller*). *Amérique septentrionale* : monts Alleghany's, Canada (*Michaux*, *Pursh*); Terre-Neuve (*de La Pylaie*); côte Nord-Ouest (*Chamisso*).

Betula alba. Montagnes de toute l'Europe australe. Caucase(*Bieberst*, *Parrot*); Boukharie (*Falk*); côtes orientales de la Caspienne par 37° (*Hanway*). — Laponie jusqu'au-delà de 70° (*Wahlenb.*, *de Buch*); Sibérie: à l'est, jusqu'à l'Océan oriental (*Pall.*, *Gmel*); au nord, sur l'Oby jusqu'à Obdorsk, lat. 67°. 31', sur le Jenissey vers 68° (*Soujef*), sur le Kolyma en belles forêts, entre 65° et 66°; épars et rabougri vers le 67° degré et au-delà (*Sauer*); Kamtchatka (*Steller*), en forêts sous le 58° (*Lesseps*); *Pallas* ne l'indique point sur l'Anadyr et le Penghina; Daourie (*Pall.*, *Gmel.*, *Georg.*); Japon (*Thunb.*); Groënland occidental, rare et rabougri (*Crantz*, *Gieseke*).

Populus alba et *nigra.* Jardins du Caire (*Delile*); Atlas (*Desfontaines*); Europe australe entière. Régions Caucasiennes jusqu'en Perse (*Pallas, Bieberst., Guldenst.*).—Autour des habitations, dans l'Écosse méridionale (*Lightfoot*) et en Suède jusqu'à 56° à 57° (*Linné*); Russie méridionale et temperée (*Pallas*); manque au nord de Moscou (*Guldenstœdt*); Kazan (*Erdmann*); Sibérie, par pieds épars jusqu'à l'Oby (*Pall., Gmel.*). Le *Populus alba* est indiqué au Kamtchatka par *Steller*, en Boukharie par *Falk*, en Daourie, aux environs du lac Baïkal, par *Georgi*, à Halep par *Russel.*

Populus tremula. Europe australe entière. Asie Mineure, Arménie (*Oliv., Tournef.*); régions Caucasiennes (*Bieberst., Guldenst.*)— Laponie jusqu'à la mer glaciale (*Wahlenb.*); très-abondant dans l'Empire russe, de la Baltique au Léna, au-delà duquel il est rare, comme dans les environs d'Okhozk et au Kamtchatka (*Pallas, Gmelin, Steller*). Il est encore de belle taille dans les monts Verchoyansk, aux sources du Kolyma, par 62°, mais il ne suit pas les bords de ce fleuve jusqu'au 65° (*Sauer*); Daourie (*Georgi*).

Populus balsamifera. Sibérie, de l'Irtych à la mer d'Okhozk (*Pall., Gmel.*); Kamtchatka (*Steller*); sur le Kolyma aussi loin que le *Populus tremula* (*Sauer*); sources du Penghina dans les monts Stanavoy, par 65° à 66° (*Pallas*); Daourie (*Pall., Gmel., Georgi*); Amérique boréale entière, depuis le 44° parallèle jusqu'aux plages arctiques (*Michaux, Pursh, Mackenzie, Hearne, Richardson*).

Salix babylonica. Egypte (*Delile*); Barbarie (*Desfont.*); régions basses de toute la Turquie d'Asie, depuis la mer Noire jusqu'au golfe Persique; Perse entière (*tous les voyageurs*); Caboulistan (*Elphinstone*); régions Caucasiennes et Crimée (*Bieberst.*); Archipel et Grèce (*Sibth.*); naturalisé dans la majeure partie de l'Europe tempérée.

Salix alba. Perse (*Olivier*, herbier du Muséum); régions Caucasiennes (*Guldenst., Bieberst.*); Europe australe entière. — Suède (*Linné*); Lithuanie, Livonie, Russie tempérée, Sibérie méridionale jusqu'à l'Irtych (*Pallas*, *Falk*); Daourie (*Georgi*); Japon (*Thunb.*).

Salix monandra. Egypte (*Delile*); Barbarie (*Desf.*); régions du Caucase (*Pall.*, *Bieb.*); Europe australe. — Suède méridionale (*Lin.*); Russie méridionale (*Pallas*).

Salix triandra. Europe australe entière. Régions du Caucase. (*Pall.*, *Biebn.*, *Guldenst.*). — Suède (*Lin.*); Russie entière jusque vers 60°; Sibérie méridionale jusqu'à l'Irtych (*Pall.*, *Falk.*).

Salix capræa. Europe australe. Régions Caucasiennes (*Bieberst.*, *Guld.*). — Laponie jusqu'à 69° (*Wahlenb.*); Empire russe entier jusqu'aux plages arctiques et à l'Océan oriental; Daourie (*Pall.*, *Gmel.*, *Georgi*).

Platanus orientalis. Planté comme arbre d'ornement en Egypte et en Barbarie (*Desfont.*, *Delile*); Palestine (*Hasselquist*, *Bucking-ham*); Asie mineure (*Oliv.*, *Tournef.*); régions Caucasiennes, Perse entière (*Chardin*, *Olivier*, *Kinneir*); Béloutchistan (*Pottinger*); Caboulistan (*Elphinstone*); Boukharie méridionale, lat. 40°—42° (*Falk*); Grèce et Archipel (*Sibthorp*, *Dodwell*); Calabre, Sicile (*Tenore*, *de Sayves*); cultivé comme arbre d'ornement dans l'Europe moyenne. Il supporte très-bien le climat de la France, sous 50° et au-delà, tandis qu'il ne prospère plus à Symphéropol en Crimée, par 45°.

Ulmus campestris. Perse jusqu'à Chiraz (*Chardin*); régions du Caucase (*Bieberst.*, *Pallas*, *Guldenst.*); Palestine (*Hasselq.*); Europe australe entière. — Angleterre, jusqu'à la rivière Tees (*Winch*); Suède, sur le Gotha, jusque vers 58° (*de Buch*); Kazan (*Erdmann*); manque dans la Russie septentrionale et au-delà de l'Oural (*Pall.*, *Falk*).

Ulmus effusa. Régions Caucasiennes; (*Bieb.*) Asie Mineure (Tous les voyageurs y indiquent des Ormes, qui se rapportent peut-être à cette espèce ou bien aussi à la précédente; il n'est pas indiqué dans les flores de l'Europe australe). Europe moyenne entière. —

Comtés septentrionaux du nord de l'Angleterre où il monte encore à 3oo toises (*Winch*); Suède : le dernier a été observé par *Linné* à Hamrong, par 61°, non loin du golfe de Bottnie. Dans toute la Russie, selon *Pallas* et *Falk*, mais probablement pas plus haut que le 60°; car, selon *Guldenstœdt*, les Ormes sont rares au nord de Moscou. Boukharie, Soongarie et pays des Kirghises (*Falk*); *manque* au nord des chaînes Altaïques et à l'est de l'Oural (*Falk*, *Gmel.*, *Pall.*); Baïkal (*Georgi*).

Morus alba et *nigra.* Cultivés dans toute la zone de transition. Dans la zone tempérée, leur culture cesse partout à quelques degrés moins haut que celle de la Vigne, et ne réussit plus en grand au-delà du 46° parallèle. (Le Mûrier cultivé en Russie jusqu'à 5i₀ ou 52°, paraît être le *Morus tatarica*, car *Pallas* assure que les autres espèces ne prospèrent plus au nord du Térek, excepté dans la Crimée méridionale). Indigène au Caboulistan (*Pottinger*, *Elphinst.*); en Perse (*Chardin*, *Olivier* et autres); dans les régions Caucasiennes (le *Morus alba* seulement, *Bieberst.*); en Chine.

Ficus carica. Cultivé dans l'Yémen (*Forskal*); dans les oasis de la Haute-Egypte (*Caillaud*); dans toute la zone de transition voisine de la Méditerranée; en France jusque vers le 5o°, à la faveur de situations abritées, ou en le couvrant de terre pendant l'hiver; dans la Hongrie méridionale, la Croatie et l'Esclavonie (*Waldstein* et *Kitaibel*, *Busching*); en Russie seulement en Crimée et au sud du Térek. (*Pall.*, *Guldenst.*, *Falk*). Indigène ou naturalisé dans toute la région méditerranéenne.

Fraxinus excelsior. Atlas (*Desfont.*); régions montueuses de l'Asie mineure (*Tournefort*, *Olivier* et autres); Mazandéran (*Pallas*, *Trézel*); régions Caucasiennes (*Pall.*, *Guld.*, *Bieb.*); montagnes de l'Italie australe (*Tenore*). — Côtes de la Norwége jusqu'à 65° (*De Buch*); commun en Suède jusqu'à. . . . (*Linné*); côtes orientales du golfe Bottnique jusqu'à 62° (*De Buch*); en Russie, il paroît ne pas dépasser de beaucoup le Chêne, cependant il est encore commun au nord de Moscou et jusqu'à Novogorod et Valdaï (58°) (*Guldenstœdt*), où le Chêne est fort rare. *Sauer* affirme qu'il vient en Sibérie sur le Kolyma, par 65°, ce qui paroît fort douteux, puisque tous les autres voyageurs disent qu'il manque à l'est de l'Oural.

Olea europœa. Oasis de la Haute-Egypte, entre 25° et 27° (*Caillaud*); Barbarie (*Desfont.*, *Pacho*, *Della-Cella*); Palestine (*Hasselquist*, *Buckingham*). Syrie, Mésopotamie, Babylonie et régions basses de l'Asie mineure, vers la Méditerranée et la mer Noire (tous les voyageurs); en Perse seulement sur les bords de la Caspienne au Mazandéran et au Ghilan (*Chardin*, *Olivier*, *Pallas*, etc.) et dans les contrées voisines du golfe Persique (*Chardin*); régions Caucasiennes jusqu'au Térek, Crimée méridionale (*Pall.*, *Guld.*, *Bieb.*); ses fruits ne mûrissent pas bien à Kisljar par 44° (*Falk*). Europe australe entière, jusqu'à 45° à 46° en Istrie (*Scopoli*, *Hornschuch*) et en Lombardie (*De Cand*), 44° à 45° dans l'est de la France *Arthur Young*). Il est naturalisé dans la plupart des endroits où on le cultive; sa véritable patrie paroît être l'Asie mineure et le Caboulistan.

Arbutus unedo. Littoral de la Méditerranée, dans toute la région de l'Olivier. France occidentale jusqu'à Nantes (*De Cand*). Naturalisé sur les côtes occidentales de l'Irlande dans la comté de Kerry (*Arthur Young*, *Smith*).

Punica granatum. Indigène au Caboulistan et dans toute la Perse (*Chardin*, *Oliv.*, *Elphinst.*, *Pottinger*, etc.); dans les régions Caucasiennes jusqu'au Térek (*Bieb.*, *Guld.*, *Pall.*); dans l'Asie mineure et la Syrie (tous les voyageurs); au Péloponnèse et en Thessalie (*Sibthorp*). Naturalisé dans presque tout le reste de la partie occidentale de la zone de transition. Cultivé dans plusieurs contrées équatoriales comme au Bournou et au Soudan (*Clapperton* et *Denham*, *Oudney*); dans l'Yémen (*Forskal*), à Bangalore dans l'Indoustan (*Hamilton*). Il est cultivé au nord de la zone de l'Olivier : en France jusqu'à 46° à 47°, où il mûrit encore ses fruits; dans des vallons abrités du Valais (*de Saussure*); à Boukhara (*Falk*, *de Meyendorf*).

Amygdalus persica. Sauvage au Caboulistan, au Béloutchistan, dans les monts Paropamises (*Elphinstone*, *Forster*, *Pottinger*) et dans toute la zone de transition de l'Asie plus occidentale (tous les voyageurs). Cultivé dans plusieurs contrées équatoriales, comme dans l'Yémen (*Forskal*), à Bangalore (*Hamilton*); et dans la zone de transition entière. (*Dans la zone tempérée :* en Chine, encore sous 45° dans la province de Pé-tché-li (*Duhalde*); au Japon, à Matsumaï, par 42°, ses fruits ne mûrissent qu'avec peine (*Golovnin*); Boukharie (*Falk*, *de Meyendorff*); Russie : il réussit très-bien à Astrakhan, lat. 46°; rare dans la province de Cherson, lat. 48°—49°; Kiew (lat. 50°, 27°), où il faut sans doute l'abriter pendant l'hiver, comme on le fait pour l'Abricotier et l'Amandier (*Guld.*, *Falk*, *Pall.*, *Georg.*). Cracovie (*Malte-Brun*). Il ne réussit plus à Christiania (*De Buch*); ses fruits ne mûrissent pas en Angleterre. L'*Amandier*, indigène dans les mêmes contrées ainsi que dans la Barbarie, ne paroît pas être cultivé plus au nord que le Pêcher.

Prunus armeniaca. Indigène dans les mêmes contrées que le Pêcher. En forêts à Soungnem au Thibet, par 41°, 35′ de lat. et 78°, 27′ de long., à 1430 toises d'élévation, et cultivé dans ce pays jusqu'à 2000 toises (*A.* et *P. Gérard*). Cultivé partout avec le Pêcher et l'Amandier. Il mûrit encore ses fruits à Christiania (*De Buch*).

Prunus spinosa. Barbarie (*Desf.*); Asie mineure (*Sibthorp*); Mazanderan (*Pallas*); régions Caucasiennes (*Pall.*, *Guld.*, *Bieb.*); Europe australe entière. — Suède (*Linn.*); *manque* en Livonie (*de Bray*); Varsovie (*Schubert*); Russie méridionale (*Pall.*), sur l'Oka, le Wolga, le Don et l'Oural (*Falk*). *Manque* en Sibérie.

Cerasus avium. En forêts dans les régions du Caucase (*Pall.*, *Bieb.*, *Guld.*), l'Asie mineure, les contrées entre la mer Noire et l'Adriatique. Cultivé dans l'Europe tempérée. Sa culture cesse en Russie au-delà de 55° ou 56°. Elle réussit mal en Livonie (*de Bray*). On prétend que les cerises mûrissent encore quelquefois sur les côtes de l'Ostrobottnie par 63 à 64° (*Malte-Brun*); elles mûrissent dans des situations privilégiées sur les côtes de la Norwége jusqu'à 63° (*De Buch*). La culture du *Prunus domestica* ne cesse point avant celle du Cerisier. Il paroît que ce dernier ne peut pas être cultivé dans la zone équatoriale. Le Prunier a été observé par M. Caillaud dans les oasis de la Haute-Egypte entre 25° et 27°.

Cerasus padus. Régions Caucasiennes (*Bieb.*); Abruzzes (*Tenore*); France méridionale (*De Cand*). — Laponie jusqu'à 70°, mais rare au-delà de 68° (*Wahlenberg*); Russie et Sibérie tempérée (*Pall.*); encore commun sur l'Oby par 61° ou 62° (*Soujef*); Daourie (*Georg.*); Kamtchatka (*Steller*).

Mespilus germanica. Mazandéran (*Pall.*, *Trézel.*); régions du Caucase (*Guldenst.*, *Pall.*, *Bieb.*,); Europe méditerranéenne et moyenne, Angleterre (comté de Chester, lat. 53° — 54° *Smith*). *manque* en Pologne, et en Russie au-delà du Térek.

Pyrus torminalis. Régions Caucasiennes (*Bieb.*, *Pall.*); Arménie (*Tournef*); Europe méditerranéenne. — Angleterre (*Smith*); Danemarck, rare (*Flor. Dan.*); Varsovie (*Schubert*); nulle part en Russie au nord du Térek et de la Crimée.

Pyrus aria, Mazandéran, régions Caucasiennes (*Pall.*, *Bieb.*); Europe méditerranéenne. — Ecosse (*Lightfoot*); Halland et Gothland (*Lin.*); *manque* en Pologne (*Schubert*), et en Russie au nord du Caucase (*Pall.*). Soongarie (*Falk*).

Pyrus malus. Spontanément dans toutes les contrées montueuses de la zone de transition, en Europe et en Asie; de la Méditerranée au Caucase indien, Thibet à 1455 toises (*Gérard*). — Suède jusqu'à 58° à 59° (*Linn.*); Finlande occidentale jusqu'à 62° (*Malte-Brun*); rare dans la Russie centrale au-delà de 55° ou 56°; les derniers à Valdaï, où cesse également le Chêne (*Falk*, *Guldenst.*); Kazan (*Erdmann*). *Manque* en Sibérie. *Cultivé*. Dans la zone équatoriale: à Bangalore (*Hamilton*); à Canton (*Duhalde*); dans les oasis de la Haute-Egypte (*Caillaud*). En Europe sa culture cesse au-delà de 63° dans la Norwége (*De Buch*); entre 62 et 64° en Finlande (*Malte-*

Brun); entre 56° et 58° sur le Don, le Viatka et le Wolga, où elle n'a lieu avec succès qu'au-dessous de 56° ou 55°; sur l'Oural, elle réussit faiblement par 51°; elle n'a lieu nulle part à l'est de ce fleuve (*Falk*, *Guldenst.*, etc.). Boukharie, Turkestan, Chine et Mantchourie. Il paroît, d'après tous les renseignemens contenus dans les relations de voyages, qu'en Asie, la Mantchourie exceptée, il dépasse peu le 41° ou 42° parallèle. L'existence bien constatée du Chêne sur les bords de l'Amour et de l'Argoun, indique que ces contrées jouissent d'un climat assez chaud pour admettre la culture du Pommier, du moins jusqu'à 50° de lat. Le *Poirier* accompagne presque partout le Pommier; ces deux arbres, le Cerisier et le Chêne peuvent être considérés comme ayant à peu près la même puissance expansive.

Pyrus aucuparia. Régions Caucasiennes (*Bieb.*); Asie mineure (*Tournef.*); Liban (*Hasselquist*); montagnes de l'Europe méditerranéenne. — Laponie entière avec le Bouleau, et en forme d'arbrisseau jusqu'au Cap-Nord (*Wahlenb.*); Russie entière et Sibérie jusqu'à l'Océan oriental (*Pall.*, *Gmel.*); sur l'Oby il cesse avec le Bouleau, entre 66° et 67° (*Soujef.*); lac Baïkal (*Georg.*); Kamtchatka (*Steller*); Groënland, en arbrisseau, par 60° (*Crantz*, *Gieseke*).

Juglans regia. Indigène dans les montagnes de l'Asie mineure (*Tournef.*, *Oliv.*, *Jaubert*, etc.); des régions Caucasiennes jusqu'au Térek (*Bieb.*, *Pall.*, *Guld.*); de la Perse (*Chardin*, *Oliv.*, *Pottinger*, etc.), du Caboulistan (*Elphinst.*) et du Thibet (*A.* et *P. Gérard* l'ont observé en forêts à Soungnem, à 1455 toises). *Cultivé* dans la zone équatoriale; au Béloutchistan, par 29°, avec le Dattier, et au Nermanchyr, sous le même parallèle, avec le Manguier et autres fruits de l'Inde (*Pottinger*); dans les vallées du Népaul, entre 500 et 1000 toises (*Hamilton*). Dans toute la zone de transition. Il paroît cesser avec la Vigne ou peu au-delà; dans le nord de l'Angleterre, entre 54° et 55°, il ne mûrit plus ses fruits (*Winch*); rare dans la Russie occidentale, au-delà de 48°; existe encore à Kiew, par 50°; et à Glukhof, par 52°, mais y réussit mal (*Guldenstœdt*) ; dans l'Asie tempérée : cultivé en Boukharie (*Falk*) ; dans toute la Chine jusqu'aux frontières de la Mantchourie (*Duhalde*) ; au Japon (*Thunberg*).

Vitis vinifera. Indigène et cultivé dans toute la zone de transition. Cultivé dans quelques endroits de la zone équatoriale : à Bangalore dans l'Indoustan, lat. 13° (*Hamilton*) ; à Zébid dans l'Yémen, entre 14° et 15° (*Forskal*) ; dans la colonie de Sierra-Léone (*Gray*), etc. Les limites de la culture en grand en Europe, sont par 47° environ dans l'ouest de la France, au-dessus de l'embouchure de la Loire ; entre 49° et 50° sous la longitude de Paris (*Arthur Young*) ; entre 50° et 51° sur les rives du Rhin et du Mein ; entre 48° et 49° en Hongrie ; en Russie : entre 46° et 48° au nord de la mer Noire ; entre 48° et 49° sur le Don et le Wolga (sur les bords de ce dernier fleuve, les environs de Saratow, par 52°, produisent encore un peu de vin ; à Zarizin, par 48° 42', la Vigne est cultivée avec plein succès : on n'en indique plus à l'est du fleuve ; les contrées voisines de la mer d'Azow (46°) produisent des vins forts, mais il faut couvrir les vignes en hiver, pour les garantir des froids qui souvent y sont de — 25° à 27° ; dans les gouvernemens de Koursk et de Woronech, entre 50° et 52°, les vignes sont rares et le raisin ne mûrit que dans de bonnes années ; en Ukraine, par 49°, il conserve toujours un goût acide ; en Podolie, par 48° à 50°, la Vigne ne vient plus qu'en espalier dans les jardins. Le raisin ne mûrit jamais à Kiew.) (*Pall.*, *Guld.*, *Falk*, *Malte-Brun*). *Asie tempérée* : Boukharie (*Falk*) ; Khotan, lat. estimée par d'Anville à 35° 36' (relation chinoise, traduite par M. *Rémusat*) ; Thibet, par 31° 45', jusqu'à environ 1800 toises d'élévation (*A.* et *P. Gérard*) ; Chine jusqu'à 42°, et peut-être au-delà en Mantchourie (*Duhalde*) ; Japon (*Thunberg*) ; à Matsumaï, par 42°, le raisin ne mûrit qu'avec peine (*Golovnin*).

Citrus aurantium. Indigène dans la zone équatoriale. Naturalisé dans la zone de transition : dans toute l'Afrique septentrionale. Dans

l'Europe australe, sur les côtes de l'Espagne et de l'Italie, jusqu'à 41°
à 42° (*Cavan.*, *Bory*, *Ten.*); Péloponnèse, Attique (*Sibth.*, *Walpole*,
Dodwell); Corfou (*Dodw.*). Dans l'Asie, sur le littoral de la Médi-
terrannée, jusque vers 39° (commun à Smyrne par 37° 30',
Hasselquist, à Lefkosia en Pamphilie, *Leake*, etc.); sur le Tigre et
l'Euphrate, il cesse entre 35° et 37° (*Oliv.*). Il ne vient plus sans abri
à Halep par 36° (*Russel*); dans toutes les contrées situées au nord
du golfe Persique, des bouches de l'Euphrate à celles de l'Indus,
nulle part au-delà de 29° ou 30° (*Oliv.*, *Chardin*, *Kinnein*, *Pottinger*), si l'on en excepte le littoral méridional de la mer Caspienne,
dans le Ghilan et le Mazandéran, entre 36° et 38° (*Chardin*, *Oliv.*,
Trézel, *Jaubert*), et quelques situations privilégiées du Caboul,
entre 30° et 34° (*Elph.*, *Potting.*); sur les affluens de l'Indus, jusqu'à 33° à 34° (*Elph.*); il ne vient point sur le littoral de la mer
Noire, à l'exception de quelques cantons de la Colchide, aujour-
d'hui connus sous le nom de Gourie, entre 39° et 40° (*Guld.*). En
Chine, on cultive des Orangers et des Citronniers, qui peut-être ne
sont pas les mêmes espèces que celles de l'ouest de l'Ancien Continent, jusqu'à 35° (*Duhalde*). Au Japon, les voyageurs n'en indiquent point dans l'île de Niphon.

Tilia microphylla. Europe méditerranéenne? France (*De Cand.*);
Carniole (*Scop.*).— Commun en Norwége, jusqu'à 63°, *manque* au-
delà de 65° (*de Buch*); rare dans l'intérieur de la Suède au-delà de
61° (*Linn.*); Russie entière jusqu'à Pétersbourg (*Pall.*, *Falk*);
dans le centre de la Russie boréale, sur les affluens du Duïna, jusqu'à 58° (Statistiques russes citées par *Malte-Brun*); *manque* en
Sibérie, à l'est de l'Irtych (*Pall.*, *Falk*); suit le cours de ce fleuve
jusque vers 58° (*Soujef*); ne s'arrête à l'est que vers le Tom
(*Gmelin*).

Description de quelques espèces nouvelles de la famille des Amentacées.

Pour donner plus d'intérêt à mes recherches sur la géographie des Amentacées, j'avais entrepris d'y joindre la description et la figure de toutes les espèces nouvelles appartenant à cette famille, que je pouvois découvrir dans les herbiers. J'ai renoncé à la publication de la géographie des Amentacées, par les motifs que j'ai exposés au commencement de ce Mémoire; mais je n'ai pas renoncé à celle des espèces. J'en offre ici neuf, dont huit sont nouvelles; j'en ferai paroître incessamment quelques autres.

Salix coluteoïdes. Pl. 1.

S. foliis ellipticis obtusis mucronulatis integerrimis glabris, sub-petiolatis, basi cuneatis obliquis, subtus glaucis, amentis masculis coœtaneis oblongo conicis basi interruptis, floribus 8-12-andris, filamentis inæqualibus.

Arbre ou arbrisseau ? *Rameaux* grêles, cylindriques, glabres, d'un brun rougeâtre; *jeunes pousses* florifères courtes, feuillées. *Stipules* fugaces.....

Feuilles pétiolées, alternes, longues de ½ pouce à 1 pouce, larges de 3 à 5 lignes, elliptiques, entières; sommet arrondi; base cunéiforme, oblique; bord légèrement ondulé; face supérieure glabre; face inférieure couverte d'une poussière glauque; côte médiane prolongée au sommet en une pointe fine, très-courte; nervures à peine visibles, presque opposées, ramifiées. *Pétiole* grêle, de 1 à 2 lignes.

Chatons mâles longs de 1 pouce ou moins, coniques ou oblongs, interrompus à la base, solitaires sur des pédoncules filiformes, glabres. *Bractées florifères* lâches, ovales aiguës, concaves, brunâtres, garnies en dedans et au bord de poils soyeux, touffus et blancs. *Etamines* au nombre de huit à douze dans chaque fleur, insérées au fond d'une glande cupuliforme découpée en lobes irréguliers. *Filets* grêles, inégaux, la plupart plus longs que la bractée, courbés en sens divers. *Anthères* jaunes, didymes, biloculaires, s'ouvrant en avant dans leur longueur. *Pollen* globuleux.

Individu femelle inconnu.

Ce Saule a été trouvé au Sénégal par M. Pérodet.

Alnus castaneæfolia. Pl. 2.

A. foliis oblongo-ellipticis obtusis repandis, aut oblongo-lanceo-latis eroso-dentatis, petiolatis, supra glabris, subtus in nervorum axillis pubescentibus, panicula basi foliata, amentis masculis termi-nalibus erectis.

Arbre à fleurs monoïques; *rameaux* alternes, cylindriques, gla-bres. *Bourgeons* axillaires, pédicellés. *Jeunes pousses* trigones, pu-bescentes.

Feuilles pétiolées, stipulées, alternes; celles des pousses précoces longues de 3 à 4 pouces, larges de 10 à 15 lignes, oblongues lancéo-lées, dentelées; dentelures inégales, séparées par des sinus alongés, quelquefois foiblement et irrégulièrement denticulées; celles des pousses tardives plus petites, ovales alongées, sinuolées : les unes et les autres glabres et d'un vert foncé en dessus, pubescentes dans l'aisselle des nervures latérales et pâles en dessous; nervures fines, rectilignes, parallèles, unies entre elles par des veines transver-sales. *Pétiole* grêle, long de 4 à 10 lignes, un peu velu. *Stipules* pe-tites, glabres, membraneuses, linéaires-lancéolées, caduques.

Inflorescence : *Chatons* pédicellés, axillaires, disposés en pani-cule terminale sur un rameau pédonculiforme, grêle, parsemé de poils, feuillé à la base de ses subdivisions inférieures, garni plus haut de simples stipules et nu au sommet.

Chatons mâles dressés, compactes, longs de 1 à 2 pouces, un peu plus grêles que ceux de l'*Alnus glutinosa*, au nombre de 4 ou 5 à la partie supérieure de la panicule. *Bractées* triflores, ovales, arrondies, peltées, coriaces, garnies intérieurement de 4 bractéoles membraneuses. *Fleurs* presque sessiles. *Périanthe* simple, monosépale, profondément divisé en 4 lobes ovales oblongs. Quatre *étamines* oppositives, insérées au fond du périanthe. *Filets* courts, capillaires. *Anthères* saillantes, ovoïdes, bilobées, biloculaires, inverses ; lobes s'ouvrant en avant dans leur longueur. *Pollen* globuleux, à 4 ou 5 mamelons.

Chatons femelles longs de 2 lignes, ovoïdes, cylindriques, groupés en épi au nombre de 4 ou 5 sur des pédicelles communs, lesquels égalent les pétioles en longueur et sont insérés à la partie inférieure de la panicule. *Bractées* charnues, arrondies, aiguës au sommet. *Bractéoles*..... *Fleurs* comme dans les autres espèces connues.

Fruits.....

Cette espèce a été découverte par Dombey, à Tarma au Pérou.

Alnus acuminata. (*Humb. et Bonpl.*) Pl. 3.

A. foliis ovatis aut ovato-oblongis, acuminatis, basi subrotundatis, duplicato serratis, suprà glabris subtus nervis pubescentibus, panicula nuda, amentis fœmineis terminalibus.

Arbre à fleurs monoïques. *Rameaux* cylindriques un peu verruqueux, trigones, pubescens vers le sommet. *Bourgeons* pubescens, pédicellés.

Feuilles ovales ou ovales oblongues, pétiolées, alternes, longues de 3 à 6 pouces, larges de $1\frac{1}{2}$ à 3 pouces ; sommet rétréci en pointe plus ou moins aiguë ; base ordinairement arrondie, quelquefois un peu cunéiforme ; bord entier à la partie inférieure, doublement dentelé dans le reste du contour ; surface glabre et lisse en dessus ; côte et nervures épaisses, pubescentes en dessous ; nervures parallèles ; veinules transverses. *Pétiole* canaliculé, renflé à la base, long de 4 à 10 lignes, pubescent. *Stipules* ovales lancéolées, membraneuses, parsemées de poils, caduques.

Inflorescence. Pédoncule commun latéral, glabre, non feuillé, ramifié en panicule.

Chatons males longs de 2 à 3 pouces, épais comme une grosse plume à écrire, oblongs, compactes, dressés, naissant au nombre de 3 uo 4 sur des pédicelles simples ou rameux à la partie inférieure de la panicule. *Bractées florifères* triflores, coriaces, non peltées, glabres, arrondies, garnies intérieurement de 4 bractéoles membraniformes. *Fleurs* sessiles. *Périanthe* simple, monosépale, membraneux, veiné, profondément divisé en 4 ou 6 lobes oblongs et obtus. *Etamines* au nombre de 4 ou 6, oppositives, attachées vers la base du périanthe. *Filets* capillaires, un peu moins longs que le périanthe. *Anthères* saillantes, ovoïdes, bilobées, biloculaires, inverses ; lobes s'ouvrant en avant dans leur longueur. *Pollen* globuleux.

Chatons femelles longs d'un demi-pouce environ, épais de 3 lignes, ovales-alongés, au nombre de 4 ou 5, sessiles ou courtement pédicellés, distants, terminant la panicule. *Bractées* biflores, charnues, ovales cunéiformes, obtuses, garnies intérieurement de trois bractéoles membraneuses, oblongues. *Fleurs* comme dans les autres espèces. *Fruit* inconnu.

L'échantillon que j'ai dessiné a été recueilli au Pérou par Dombey. Depuis, MM. de Humboldt et Bonpland ont rapporté cette espèce des mêmes contrées. La description qu'ils ont publiée est très-exacte, mais elle est moins complète que la mienne. L'échantillon qu'ils avoient sous les yeux étoit très-défectueux: ils ne l'ont pas fait figurer.

Fagus obliqua. Pl. 4.

F. foliis ovato-oblongis obliquis subrhomboïdeis obtusis duplicato-serratis, basi integris in petiolum attenuatis, pilosiusculis, perianthiis masculis solitariis hœmisphœricis sinuatis 30-40-andris, cupulis capsuliformibus muricatis quadripartitis, segmentis ovatis obtusis, ovariis inclusis triquetris ; angulis alatis.

16

Arbre forestier très-élevé, touffu, à fleurs monoïques.

Feuilles minces, plissées dans le bourgeon, alternes, longues de 1 à 2 pouces, larges de 4 à 8 lignes, ovales oblongues, rhomhoïdales obliques; sommet obtus; base cunéiforme, rétrécie en pétiole grêle et court; bord entier et cilié à la partie inférieure, doublement dentelé et glabre dans le reste du contour; côte et nervures pubescentes; veinules réticulées. *Stipules* caduques, membraneuses, lancéolées linéaires, environ de la longueur du pétiole.

Fleurs mâles solitaires, axillaires, pédonculées. *Pédoncule* grêle, long de 2 à 6 lignes, parsemé de petits poils courts. *Périanthe* simple, hémisphérique, membraneux, irrégulièrement sinué et lobé, portant à l'extérieur des poils rares et fins. *Etamines* en nombre indéterminé (30 à 40). *Filets* courts, parsemés de petits poils. *Anthères* saillantes, basifixes, allongées, obtuses, subtétragones, velues, biloculaires, s'ouvrant longitudinalement par les côtés; *Pollen* globuleux.

Fleurs femelles: *Cupule* solitaire, pédonculée, axillaire, capsuliforme, ovoïde, coriace, veloutée, hérissée de pointes, triflore, s'ouvrant en 4 segmens ovales, réunis deux à deux à la base. *Pédoncule* de la longueur des pétioles ou plus court qu'eux, épaissi au sommet, parsemé de petits poils. *Périanthe* simple, adhérent, à six dents obtuses, pubescentes, dont 3 alternes, cuculliformes, prolongées inférieurement sur les angles de l'ovaire en 3 ailes membraneuses. *Ovaire* ovoïde, trigone, ailé, couronné par les dents du périanthe, composé de trois coques soudées, chacune uniloculaire, biovulée. *Ovules* pendans, attachés vers le sommet de l'angle central des coques. *Style* très-court, divisé presque jusqu'à sa base en trois stigmates subulés, divergens, correspondant chacun à l'une des coques de l'ovaire (1). Fruit....

____

(1) J'emploie ici le mot *coque* dans le sens que je lui ai donné en traitant du *Péricarpe* (Voyez *Dictionn. des Sciences nat.*). De tous temps les botanistes ont

Ce Hêtre est indigène au Chili ; il a été observé à la Conception par Dombey. D'après les notes manuscrites de ce botaniste il porte le nom vulgaire de *Roblé* et fleurit en septembre.

Fagus Dombeyi. Pl. 5.

F. foliis ovato lanceolatis subrhomboïdeis acutiusculis serratis coriaceis nitidis glabris , basi oblique cuneatis , subpetiolatis, perian-

reconnu l'analogie qui existe entre le péricarpe à cinq coques libres du Pied-d'alouette, et le péricarpe à cinq coques conjointes de la Nigelle. Ici, et dans d'autres cas semblables, la Nature montre si clairement son plan, que personne ne peut s'y méprendre. Mais il est des cas où l'analogie est moins évidente. Tel est celui qui s'est présenté à moi en 1810 (Voyez *Annales du Muséum*, tome 15), quand j'examinai la famille des Labiées. Je constatai alors, par une analyse rigoureuse, que les quatre graines nues de Linné ne sont autres choses que quatre coques, isolées les unes des autres parce que l'axe central qui, dans un grand nombre de péricarpes appartenant à d'autres familles, porte les graines et sert de lien commun aux différentes loges, a, pour ainsi dire, dans les Labiées, fait défaut et laissé les coques en liberté. J'offris en preuve les Borraginées, lesquelles ont dans quelques genres, quatre coques libres comme les Labiées, et dans d'autres quatre coques réunies en un seul corps. Dans la même année 1810, M. Robert Brown publia le premier volume de son *Prodromus Floræ Novæ-Hollandiæ.* On y lit (p. 558) ces mots remarquables : « *Capsulas omnes pluriloculares e totidem thecis conferrumi-* « *natas esse, et diversas solum modis gradibusque cohæsionis et solubilitatis* « *partium judico.* » L'auteur cite ensuite plusieurs exemples à l'appui de son opinion. En 1813, dans le *Journal de Physique*, vol. 77, p. 173, je donnai l'ensemble de ma doctrine sur la structure du fruit : je la résumai en ce peu de mots (p. 178) : « Nous pouvons dire qu'une fleur quelconque n'a jamais plus d'un « ovaire, et que les petites boîtes distinctes, fixées sur un même réceptacle, ne « sont que des portions d'un péricarpe unique. » Plus loin (p. 186 et suiv.), j'affirmois que le légume ne diffère pas par les caractères essentiels des boîtes groupées, ou même soudées, qui composent le péricarpe des Renonculacées, des Malvacées, des Rosacées, etc. Ainsi, selon moi, la gousse ou légume étoit le type de la plupart des fruits. Trois ans après (1816), M. Robert Brown exposa la même idée dans son Mémoire sur les Synanthérées. Nous suivions la même route, il est tout simple que nous soyons arrivés au même but.

thiis masculis ternis campanulatis 4-5-lobis 8-10-andris, cupulis involucriformibus lævigatis quadripartitis, segmentis sublinearibus laciniatis, ovariis lateraliter exsertis triquetris, angulis marginatis.

ARBRE forestier à fleurs monoïques. *Rameaux* flexueux, lisses, glabres, étalés. Jeunes pousses pubescentes, visqueuses.|

FEUILLES non plissées dans le bourgeon, alternes, stipulées, pétiolées, nombreuses, rapprochées, longues de 5 à 10 lignes, sur 3 à 5 de large dans les rameaux florifères, et du double environ dans les rameaux stériles, coriaces, obliques, rhomboïdales, ovales-lancéolées; sommet le plus souvent aigu; base inégale, atténuée en pétiole; bord entier inférieurement, dentelé ou doublement dentelé dans le reste du contour; surface glabre, parsemée de glandules papillaires, résinifères, la face supérieure lustrée et d'une couleur plus foncée; *côte* un peu velue vers sa base; *nervures* très-fines, glabres; *veinules* réticulées. *Pétioles* de 1 à 2 lignes, pubescens, filiformes. *Stipules* ovales, fugaces, de la longueur environ du pétiole.

FLEURS MALES ternées sur des pédoncules axillaires, solitaires, grêles, pubescens, longs de 1 ligne. *Périanthe* un peu plus long que le pétiole, simple, campanulé, membraneux, veiné, velu; limbe découpé en 5 ou 6 lobes ou dents ciliés. *Etamines* glabres, saillantes, insérées au fond du périanthe au nombre de 10 à 12; *Filets* capillaires, longs. *Anthères* oblongues, subtétragones, biloculaires, basifixes, s'ouvrant latéralement, surmontées d'un appendice aigu, courbé en arrière.

FLEURS FEMELLES : *Cupule* subsessile, solitaire, axillaire, triflore, cartilagineuse, parsemée de poils rares, divisée en lanières épaisses, irrégulièrement laciniées, rapprochées deux à deux, dressées contre les fleurs, aussi longues qu'elles, trop étroites pour les couvrir. *Périanthe* simple, adhérant, à 6 dents aiguës, dont 3 alternes prolongées inférieurement sur les angles de l'ovaire en un simple rebord mince, cilié, saillant entre les lanières de la cupule. Les autres caractères, comme dans le *Fagus obliqua*, si ce n'est que la fleur centrale n'a qu'un périanthe à 4 dents, un ovaire à 2 faces, à 2 coques et un style à 2 stigmates. *Fruit* inconnu.

Cette espèce a été trouvée avec la précédente par le botaniste auquel je la dédie. Elle forme un arbre élevé, fort touffu, qui porte le nom vulgaire de *Coigué*, et fournit un excellent bois de construction. Les échantillons de l'herbier du Muséum portent fort peu de fleurs mâles, ce qui semble indiquer qu'ils ont été récoltés un peu après la floraison.

Fagus betuloïdes. Pl. 6.

F. foliis ovato-ellipticis obtusis crenulatis coriaceis nitidis glabris, basi rotundatis brevissime petiolatis, perianthiis masculis solitariis turbinatis 5-7-lobis, 10-16-andris, cupulis involucriformibus lœvigatis quadripartitis, segmentis sublinearibus laciniatis, ovariis lateraliter exsertis triquetris, angulis marginatis.

Arbre forestier à fleurs monoïques. *Rameaux* divariqués, tortueux, ridés, brunâtres. Jeunes pousses pubescentes.

Feuilles ciliées, non plissées dans le bourgeon, alternes, pétiolées, ramassées sur les derniers rameaux et comme imbriquées, coriaces, glabres, longues de 4 à 10 lignes, sur 3 à 8 de large, ovales-elliptiques, obtuses; bord arrondi et entier à la base, crénelé dans le reste du contour, et même çà et là doublement crénelé; surfaces parsemées de glandules papillaires, résinifères, la face supérieure lustrée et d'une couleur plus foncée; côte et nervures très-fines, glabres; veinules réticulées. *Pétioles* longs d'une ligne environ, filiformes, pubescens. *Stipules* fugaces, membraneuses, ovales-lancéolées, un peu plus longues que le pétiole.

Fleurs axillaires, rapprochées vers le sommet des rameaux.

Fleurs males pédonculées, solitaires. *Pédoncule* filiforme, pubescent, de la longueur du pétiole. *Périanthe* simple, très-petit, turbiné, membraneux, rougeâtre, veiné, parsemé de poils rares; limbe tronqué obliquement, découpé en 5 à 7 lobes arrondis, ciliés. *Etamines* très-saillantes, insérées au fond du périanthe au nombre de 10 à 16. *Filets* capillaires, très-longs. *Anthères* oblongues, biloculaires, basifixes, s'ouvrant latéralement, surmontées d'un appendice épais, obtus, courbé en arrière. *Pollen* globuleux.

FLEURS FEMELLES : *Cupule* sessile, offrant, ainsi que les fleurs, les mêmes caractères que le *Fagus Dombeyi*, si ce n'est que la fleur centrale de chaque cupule n'est point différente des fleurs latérales.

La structure et la disposition des fleurs mâles, ainsi que plusieurs caractères de la végétation, paroissent rapprocher cette espèce du *Fagus antarctica* de Forster ; mais selon ce botaniste, les feuilles du *Fagus antarctica* sont plissées dans le bourgeon, et leur disque est moins prolongé sur le pétiole d'un côté que de l'autre (« *Folia disco superiore breviore,* » *Comment. Gœtting.* 9. p. 24.), caractères qui n'existent point dans le *Fagus betuloïdes*. En revanche, il en offre d'autres dont Forster ne fait aucune mention, en parlant de l'*antarctica* ; et ces caractères ne sont pourtant pas de nature à être mis en oubli dans une description complète ; tels sont la consistance épaisse et coriace des feuilles, le lustré de leur face supérieure, les glandules dont elles sont parsemées. La description que Wildenow donne du *Fagus antarctica* (Sp. pl. 4. p. 460) ne convient pas davantage à mon espèce. Je crois donc avoir suffisamment établi la non identité du *Fagus antarctica* et du *Fagus betuloïdes*, mais il faudra probablement rapporter comme synonyme de ce dernier le *Betula antarctica* de Forster, décrit par Wildenow (Sp. pl. 4. p. 466) sur des échantillons sans fleurs ni fruits. Forster lui-même en donne simplement le nom dans une liste de plantes recueillies par lui, sans fleurs, aux terres Magellaniques (*Comment Gœtt.* 9. p. 42). Commerson, qui a récolté dans les mêmes contrées les échantillons sur lesquels j'ai fait ma description, et qui remarque dans ses notes qu'ils proviennent d'un arbre formant de vastes forêts sur toutes les côtes, les a également étiquetés *Betula antarctica*. Je puis encore m'appuyer de l'autorité du célèbre Vahl, qui a écrit le même nom au bas d'un échantillon que M. Ad. de Jussieu a bien voulu me confier. Enfin la description que Wildenow a publiée du *Betula antarctica* s'applique très-bien au *Fagus betuloïdes*, et il ne se trompe sur le genre, que parce que l'échantillon qu'il a eu sous les yeux étoit dépourvu de fleurs.

Fagus dubia. Pl. 7.

F. foliis ovatis obtusiusculis duplicato serratis coriaceis nitidis glabris, basi rotundatis, brevissime petiolatis, perianthiis masculis solitariis turbinatis 5-7-lobis 10-16-andris, cupulis.....

J'ai de forts soupçons que le *Fagus dubia* n'est autre chose qu'une variété ou plutôt qu'un individu mieux venu du *Fagus betuloïdes*. Les rameaux plus lisses, plus alongés, les feuilles plus grandes, plus espacées, ovales et non elliptiques, dentelées et non crénelées, toutes ces différences peuvent résulter d'une végétation plus vigoureuse. D'ailleurs les autres caractères que présente l'échantillon que j'ai sous les yeux sont parfaitement semblables à ceux du *Fagus betuloïdes*. J'ajouterai que Commerson, qui a recueilli cet échantillon au détroit de Magellan, l'avoit réuni aux autres dans la même feuille, sous le nom de *Betula antarctica*. Cependant, comme je n'ai pas vu la fleur femelle du *Fagus dubia*, je n'ose le confondre avec le *Fagus betuloïdes*.

L'introduction dans le genre *Fagus* de trois ou quatre espèces qui n'avoient pas été décrites, modifie le caractère générique et autorise la division du groupe en deux sections bien tranchées. Voici la rédaction que je propose :

Flores monoici. *Masculi* solitarii vel capitulis aggregati; *perianthium* simplex membranaceum, monophyllum; *stamina* 8-40; *fæminei* in cupula 4-partita bini vel terni; *perianthium* simplex, adhærens, 6-dentatum; *ovarium* triloculare, loculis biovulatis. *Stylus* 1 brevis; *stigmata* 3 subulata; *fructus* trigonus, abortu unilocularis, monospermus; *semen* pendulum; *radicula* lateraliter adversa, brevis; *cotyledones* crassæ, carnosæ; *perispermum* nullum.

Sᴇᴄᴛɪᴏ I : Cupula muricata, capsuliformis; ovaria inclusa; folia juniora plicata.

Fagus sylvatica
—*ferruginea.*
— *obliqua.*

Sᴇᴄᴛɪᴏ II : Cupula involucriformis, segmentis angustis laciniatis; ovaria lateribus exserta; folia juniora non plicata.

Fagus Dombeyi.
— *betuloïdes.*
— *dubia?*

Je ne cite ni le *Fagus antaretica* de Forster, ni le *Fagus cochin-chinensis* de Loureiro, ni le *Fagus* qui, selon Cunningham (*King's survey of the coasts of Australia*, vol. 1, p. 158), croît à la Terre de Diémen. La description du premier ne dit rien de la fleur femelle qui, jusqu'à présent, n'est pas connue. La description du second est si loin de donner une idée nette de l'arbre que Loureiro a vu à la Cochinchine, que l'on peut douter que ce soit un *Fagus*. Quant à l'espèce de la Terre de Diémen, indiquée par Cunningham, elle n'est encore ni décrite ni nommée.

Mʏʀɪᴄᴀ ᴍᴀᴄʀᴏᴘʜʏʟʟᴀ. Pl. 8.

M. foliis obovato-ellipticis aut cuneatis obtusis grossè serratis, subpetiolatis, glabris, amentis in paniculas unisexuas dispositis, masculis cylindricis brevibus, fœmineis.... fructibus ovato-globosis tuberculosis.

Aʀʙʀᴇ ᴏᴜ ᴀʀʙʀɪssᴇᴀᴜ ? à fleurs monoïques.

Fᴇᴜɪʟʟᴇs alternes, coriaces, glabres, longues de 2 à 3 pouces sur 1 ou 2 de large, parsemées de glandules globuleuses résinifères; les feuilles supérieures obovales, obtuses, rétrécies en pétiole avec le bord entier à la base, et dentelées sur le reste du contour; dentelures larges, peu profondes, très-inclinées; côte épaisse; nervures fines, arquées, divisées et subdivisées en veinules à leur extrémité;

lesfeuilles inférieures plus petites, cunéiformes et comme spathulées, dentelées seulement vers leur sommet. *Pétiole* épais, pubescent, long de 1 à 3 lignes ou presque nul.

INFLORESCENCE : chatons disposés en panicules simples unisexuelles,
sur des pédoncules communs longs de 2 à 3 pouces, solitaires, axillaires, pubescens.

FLEURS MALES : *Panicules* lâches ; *Chatons* cylindriques, grêles,
longs de 6 à 8 lignes. *Bractées florifères* réniformes, pubescentes en
dehors et ciliées. *Etamines* au nombre de 4 insérées à la partie postérieure de la bractée. *Filets* courts, comme monadelphes à leur
base. *Anthères* biloculaires, bilobées ; lobes ovoïdes s'ouvrant en
avant dans leur longueur. *Pollen* mamelonné, de formes diverses.

FLEURS FEMELLES inconnues.

FRUITS : *Drupes* secs, ovoïdes, uniloculaires, monospermes, de la
grosseur d'un petit pois, tout couverts d'écailles imbriquées, calleuses
à leur sommet, souvent groupés plusieurs ensemble sur les ramifications du pédoncule commun et accompagnés à la base de deux
bractées cordiformes, pubescentes. *Graine* ovoïde, attachée au fond
de la cavité du péricarpe....

Cette espèce a été rapportée de Java par M. Leschenault. La panicule mâle (pl. 8, fig. G) a été dessinée d'après un échantillon
qui n'avoit point de panicules femelles. Un autre échantillon dont
j'offre ici la représentation (pl. 8, fig. A), portoit dans sa partie
moyenne des panicules femelles en fruits ; mais de l'aisselle des
feuilles supérieures, il partoit des panicules mâles, dont les chatons,
mal développés, laissoient cependant apercevoir quelques fleurs
bien conformées, semblables à celles que l'on voit fig. H et I. J'ignore
si les deux échantillons ont été recueillis sur le même pied ou sur
des pieds différens. Les fruits étoient trop avancés pour qu'on pût
se former une idée exacte de l'attache primitive de l'ovule, et trop
jeunes pour qu'on pût observer l'embryon. Ce qui étoit évident, c'est
que la graine adhéroit par sa partie inférieure au fond de la coque
péricarpienne, et qu'elle se prolongeoit à son sommet en une pointe

fine, semblable à un funicule qui se seroit détaché antérieurement du point le plus élevé de la cavité de la coque. J'ai fait la même observation dans le *Myrica gale*. La graine à l'état d'ovule, seroit-elle pendante, et plus développée, se soudroit-elle au fond de la cavité, comme il arrive dans le *Castanea vesca?* ou plutôt l'attache inférieure seroit-elle véritablement le hile, ainsi que le pensoit feu M. Richard, et la pointe dirigée vers le sommet du péricarpe indiqueroit-elle la place du micropyle, comme je serois tenté de le croire d'après l'importante découverte de M. Th. Smith et la belle série d'observations de MM. R. Brown et Adolphe Brongniart?

MYRICA SPATHULATA. Pl. 9.

M. foliis spathulatis retusis integerrimis glabris, amentis masculis sessilibus axillaribus solitariis, petiolis subbrevioribus, fœmineis.....

ARBRE OU ARBRISSEAU? à fleurs monoïques. *Rameaux* glabres, lisses, cylindriques. *Boutons* axillaires, sphériques, écailleux.

FEUILLES alternes, pétiolées, spathulées, longues de 1 pouce à 2 ½ pouces, larges de 5 à 10 lignes, coriaces, lustrées, très-entières, glabres, parsemées de glandules globuleuses, résinifères; sommet arrondi, échancré; base rétrécie en un *pétiole* long de 6 à 9 lignes; *côte* proéminente; *nervures* fines, divisées et subdivisées en veinules.

CHATONS MALES sessiles, axillaires, solitaires, grêles, cylindriques, dressés, continus, un peu plus courts que les pétioles. *Bractées floriferes* réniformes, concaves, glanduleuses, ciliées, rétrécies postérieurement en un support court, épais. *Etamines* au nombre de 4, insérées au sommet du support sur la face interne de l'écaille. *Filets* libres, capillaires, très-courts. *Anthères* biloculaires, bilobées; lobes ovoïdes s'ouvrant en avant dans leur longueur. *Pollen* trigone, mamelonné.

Fleurs femelles et fruits inconnus.

Cette espèce a été trouvée à Madagascar par M. Pérodet.

EXPLICATION DES PLANCHES.

Pl. I. Salix coluteloïdes.

A. Rameau de grandeur naturelle (1). — B. Fleur mâle isolée. — C. Étamine vue par sa face postérieure. — D. La même vue par sa face antérieure. — E. La même dont les loges sont ouvertes. — F. Pollen vu au microscope.

Pl. II. Alnus castaneæfolia.

A. Rameau de grandeur naturelle. — B. Bourgeon foliifère de grandeur naturelle. — C. Une bractée du chaton mâle, sur la face interne de laquelle sont attachées trois fleurs — D. Fleur mâle isolée. — E. la même : on a écarté les lobes du périanthe pour faire voir l'attache des étamines. — F. Bractée florifère du chaton mâle, de laquelle on a enlevé les fleurs, vue antérieurement. — G. Pollen vu au microscope. — H. bractée florifère, sur laquelle sont attachées deux fleurs femelles, vue extérieurement.

Pl. III. Alnus acuminata.

A. Rameau de grandeur naturelle. — B. Bractée florifère du chaton femelle, vue intérieurement. — C. La même vue extérieurement. — D. Bractée florifère du chaton mâle, vue de face. — E. La même vue de profil. — F. Fleur mâle isolée. — G. Autre fleur mâle : on a écarté les lombes du périanthe pour faire voir le nombre de l'insertion des étamines. — H. Pollen vu au microscope.

Pl. IV. Fagus obliqua.

A. Rameau de grandeur naturelle, n'offrant que des fleurs femelles. — B. Autre rameau de grandeur naturelle, moins avancé, offrant des fleurs mâles. — C. Feuille prise sur un rameau qui ne portoit point de fleurs, vue en dessous, de grandeur naturelle. — D. Une fleur mâle vue de haut en bas. — E. Étamine vue par sa face postérieure. — F. La même vue par sa face antérieure. — G. La même vue par un de ses côtés. — H. Pollen vu au microscope. — I. Cupule contenant trois fleurs. — K. Fleur femelle isolée vue par l'un de ses côtés. — L. La même vue par l'une de ses faces. — M. La même coupée transversalement. — N. La même coupée longitudinalement.

Pl. V. Fagus Dombeyi.

A. Rameau de grandeur naturelle, portant des fleurs femelles de grandeur naturelle — B. Portion d'un autre rameau qui ne portoit pas de fleurs, de grandeur naturelle. — C. Trois fleurs mâles fixées au sommet d'un pédoncule

---

(1) Les figures qu'on n'indique pas comme étant de grandeur naturelle, sont très-grossies.

commun. — D. Étamine vue par sa face postérienre. — E. La même vue par
sa face antérieure. — F. La même vue de côté. — G. Cupule. — H. La même
dont on a écarté les lobes pour montrer les fleurs. — I. Fleur femelle isolée,
vue par l'une de ses faces ; elle n'a que deux stigmates, deux marges et deux
loges par avortement. — K. Autre fleur coupée verticalement.

Pl. VI. Fagus betuloïdes.

A. Rameau de grandeur naturelle. — B. Portion supérieure d'uu rameau dont on
a enlevé les feuilles inférieures pour faire voir la disposition des fleurs. —
C. Fleur mâle dont on a fendu le périanthe dans sa longueur. — D. Étamine
vue par sa face antérieure. — E. La même vue par sa face postérieure. —
F. La même vue par le côté. — G. Cupule contenant trois fleurs femelles. —
H. Une de ces fleurs isolées. — I. Une cupule dont on a enlevé les fleurs.

Pl. VII. Fagus dubia.

Rameau de grandeur naturelle.

Pl. VIII. Myrica macrophylla.

A. Rameau de grandeur naturelle. — b. Un drupe de grandeur naturelle, avec
quatre bractées à la base. Je n'ai jamais vu que deux bractées, cependant un
observateur habile, qui a dessiné les figures b et B, croit en avoir aperçu
quatre. — B. Le même grossi. — C. Le même coupé horizontalement. —
D. Le même coupé verticalement. — E. Graine — F. Une des écailles tuber-
culées dont est recouvert le péricarpe. — G. Panicule mâle de grandeur naturelle. — H. Une des ramifications de cette panicule, grossie. — I. Fleur mâle
vue de haut en bas. — K. La même vue par sa face antérieure. — L. La même
vue par sa face postérieure. — M. Bractée staminifère vue en dessous. — N.
Nᵒˢ. 1 à 10, différentes formes de pollen.

Pl. IX, Nᵒ. 1. Myrica spathulata.

A. Rameau de grandeur naturelle. — B. Fleur mâle. — C. Bractée staminifère. —
D. Pollen de formes diverses, vu au microscope.

Nᵒ. 2. Myrica gale var.

A. Rameau de grandeur naturelle. — B. Fruit mûr, accompagné de sa bractée
antérieure et libre, et de ses deux bractées latérales, lesquelles sont soudées
au péricarpe. — C. Le même dont on a enlevé la bractée antérieure —
D. Le même coupé verticalement. — E. Graine. — F. Embryon.
L'échantillon qui m'a servi de modèle a été recueilli en Portugal. Il appartient à
l'herbier de Vaillant. Les feuilles sont comme drapées par les poils entremê-
lés qui les recouvrent : les stigmates sont parsemés de petits poils. Je n'ai pu
découvrir de poils sur les stigmates du *Gale* des environs de Paris, et ses
feuilles sont très-peu velues. Néanmoins ces différences sont trop légères pour
que je me croie en droit de donner le *Myrica* de Portugal comme une espèce
distincte du *Gale*.

Pl. 1.

SALIX COLUTEOIDES.

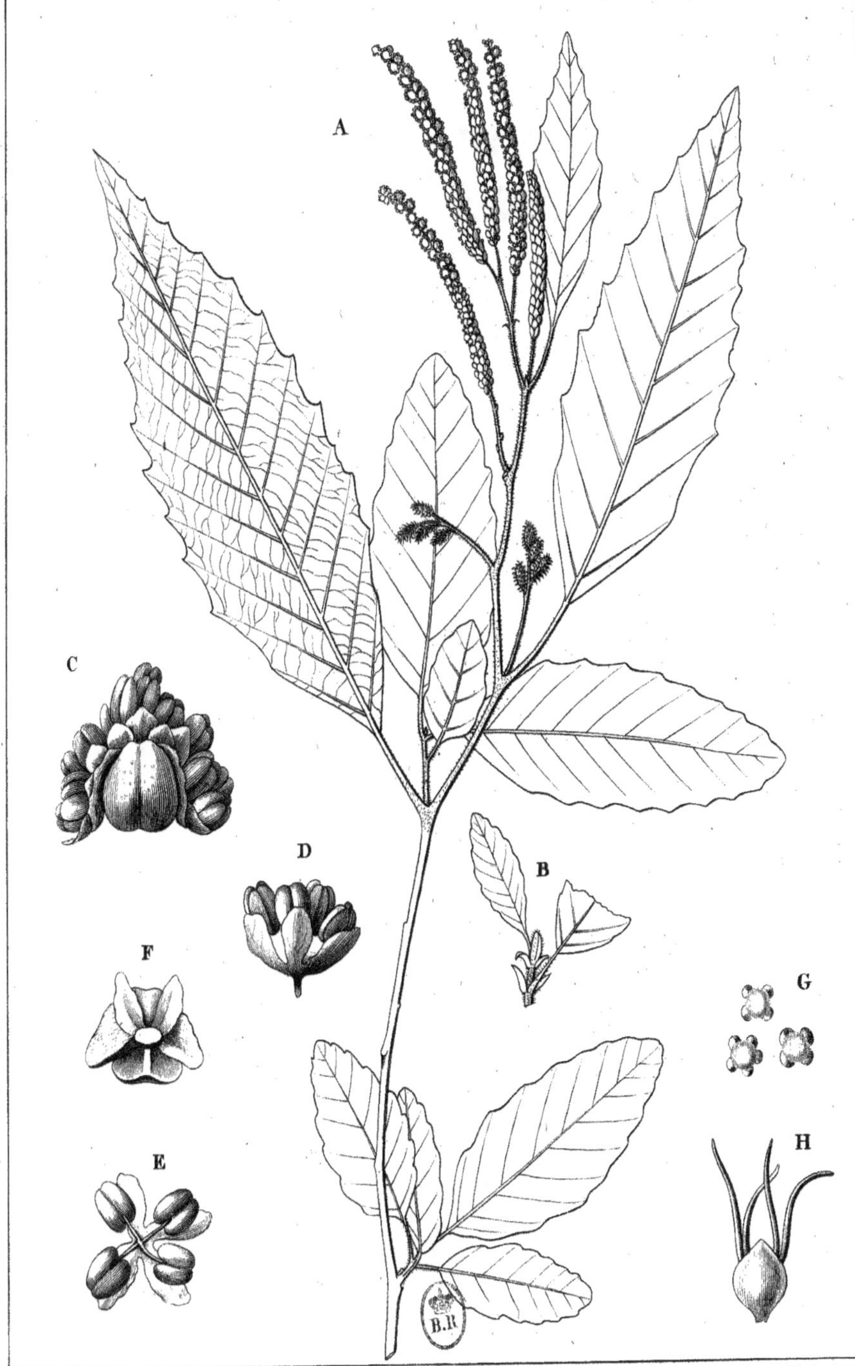

ALNUS CASTANEÆFOLIA.

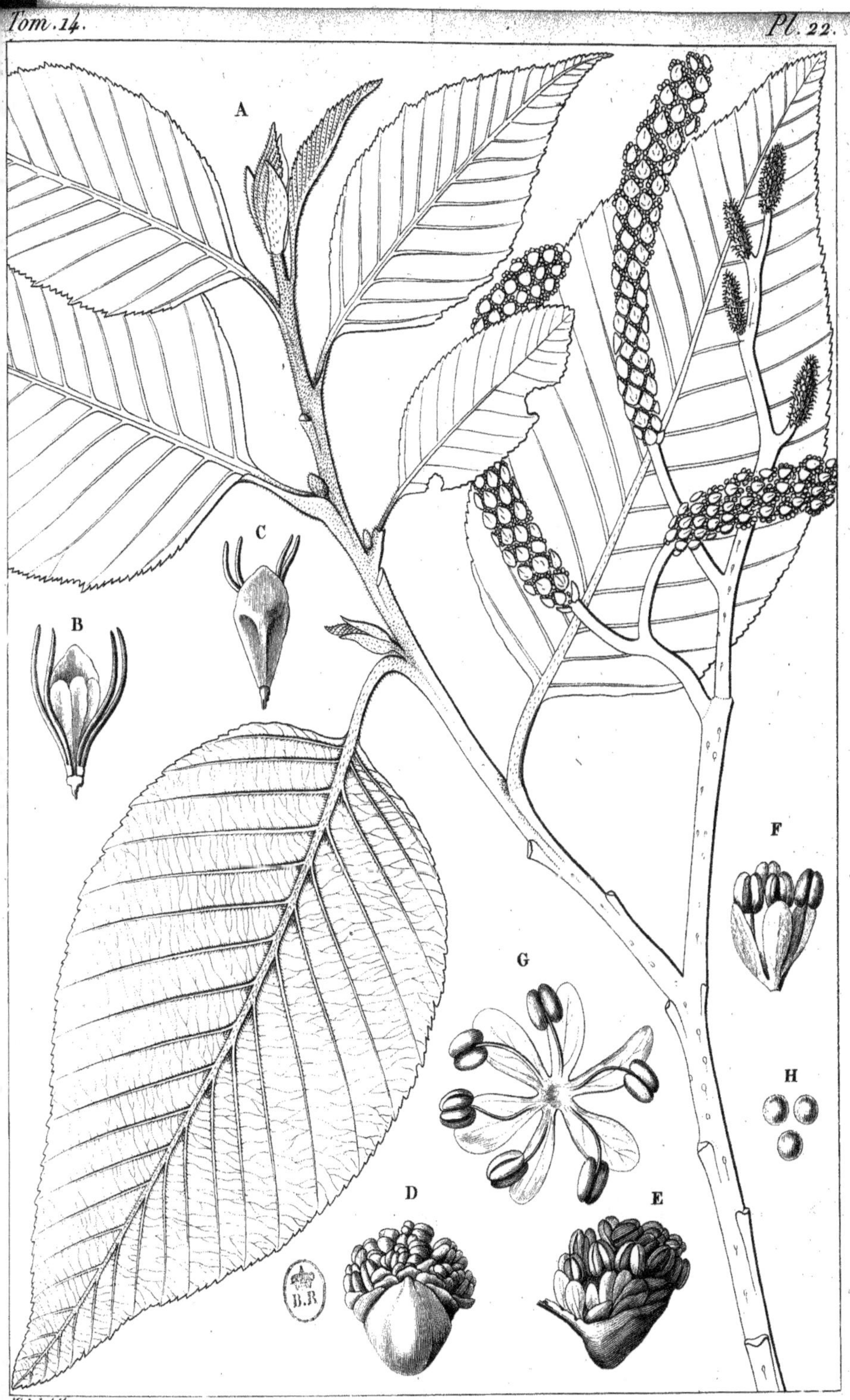

Pl. 3.

ALNUS ACUMINATA. Humb. et Bonpl.

A
B
C
D
E
F
G
H
I
K
L
M
N
B.R.

Mirbel del.t

Pl. 4.

FAGUS OBLIQUA.

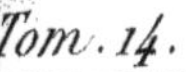

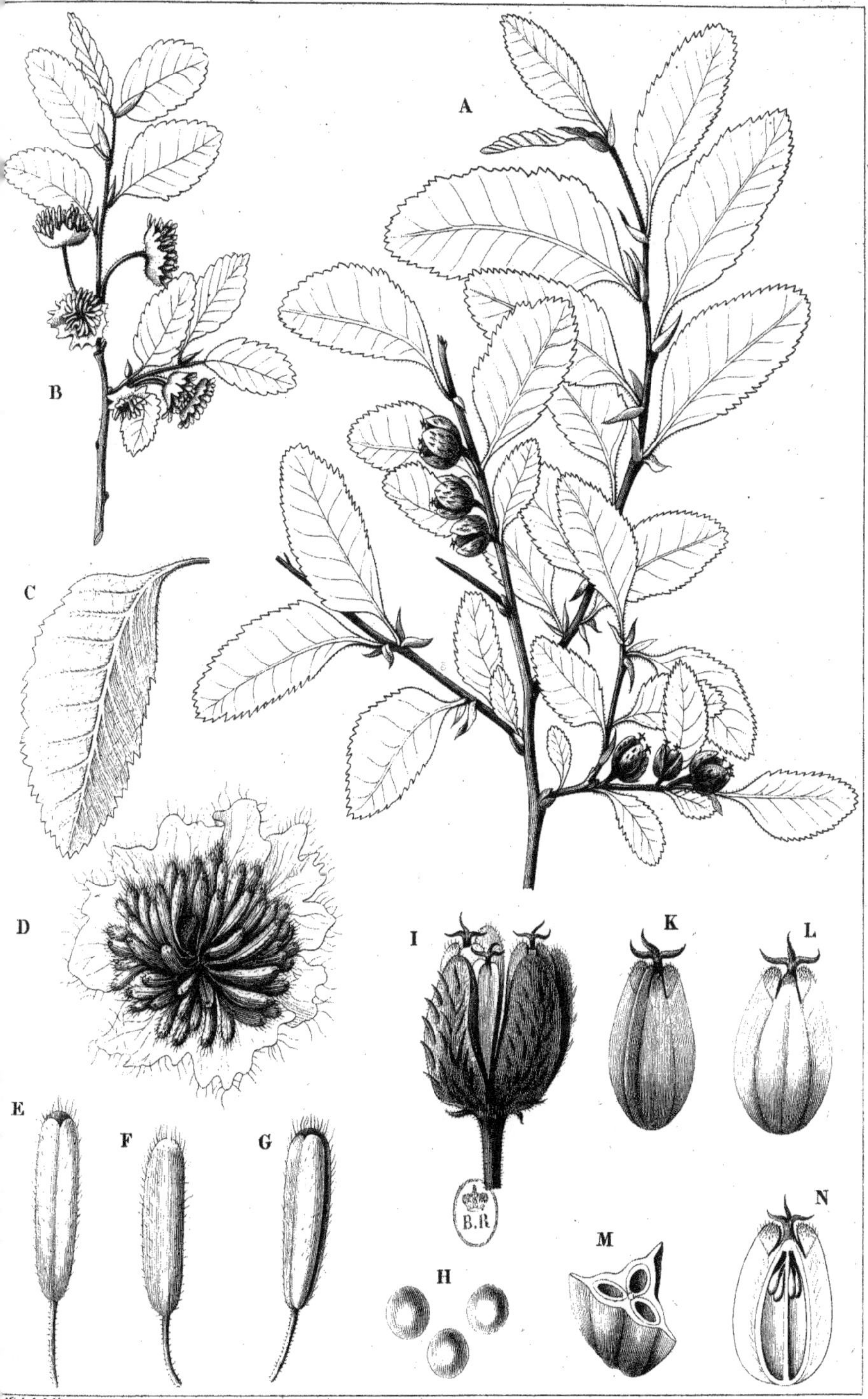

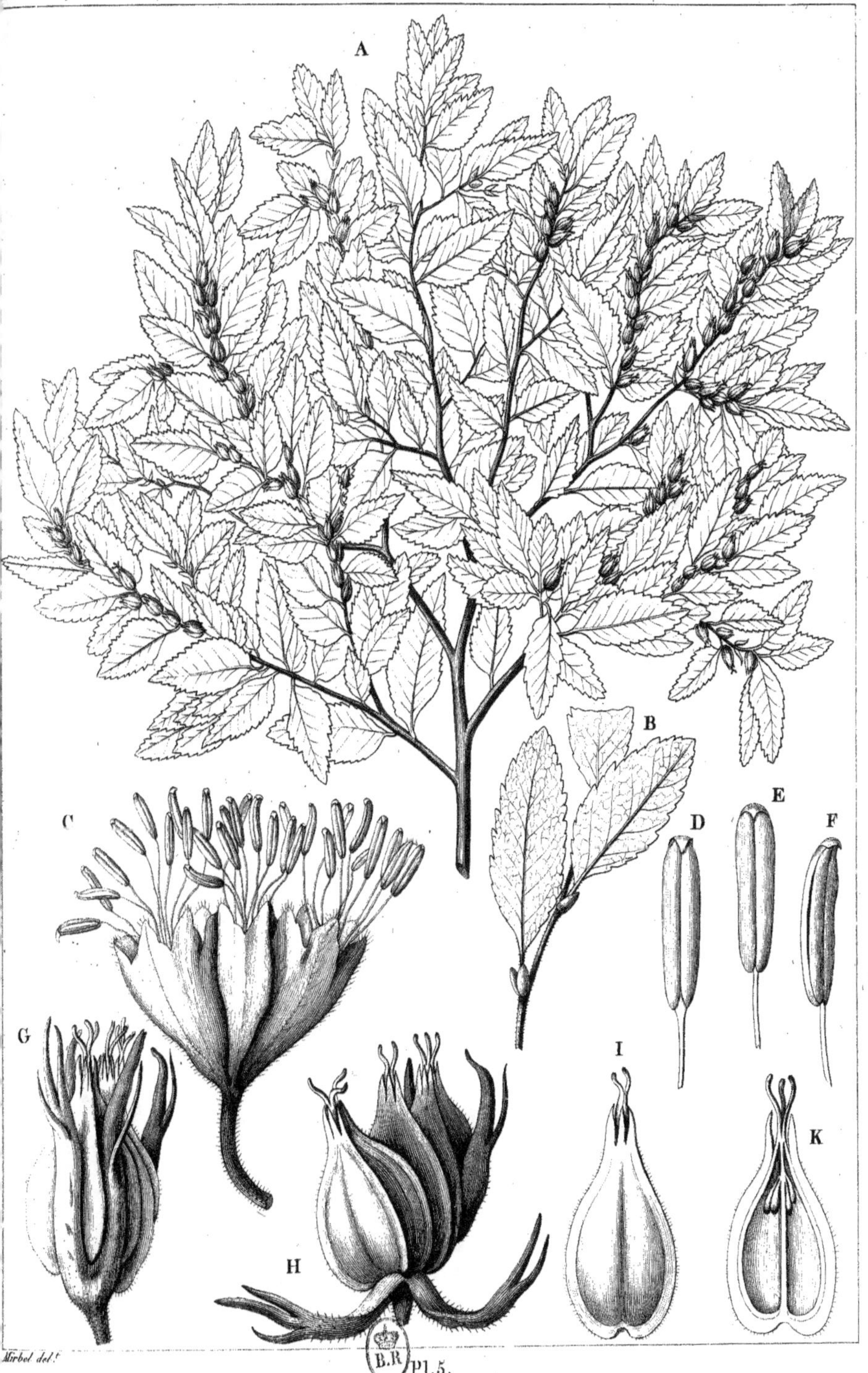

FAGUS DOMBEYI.

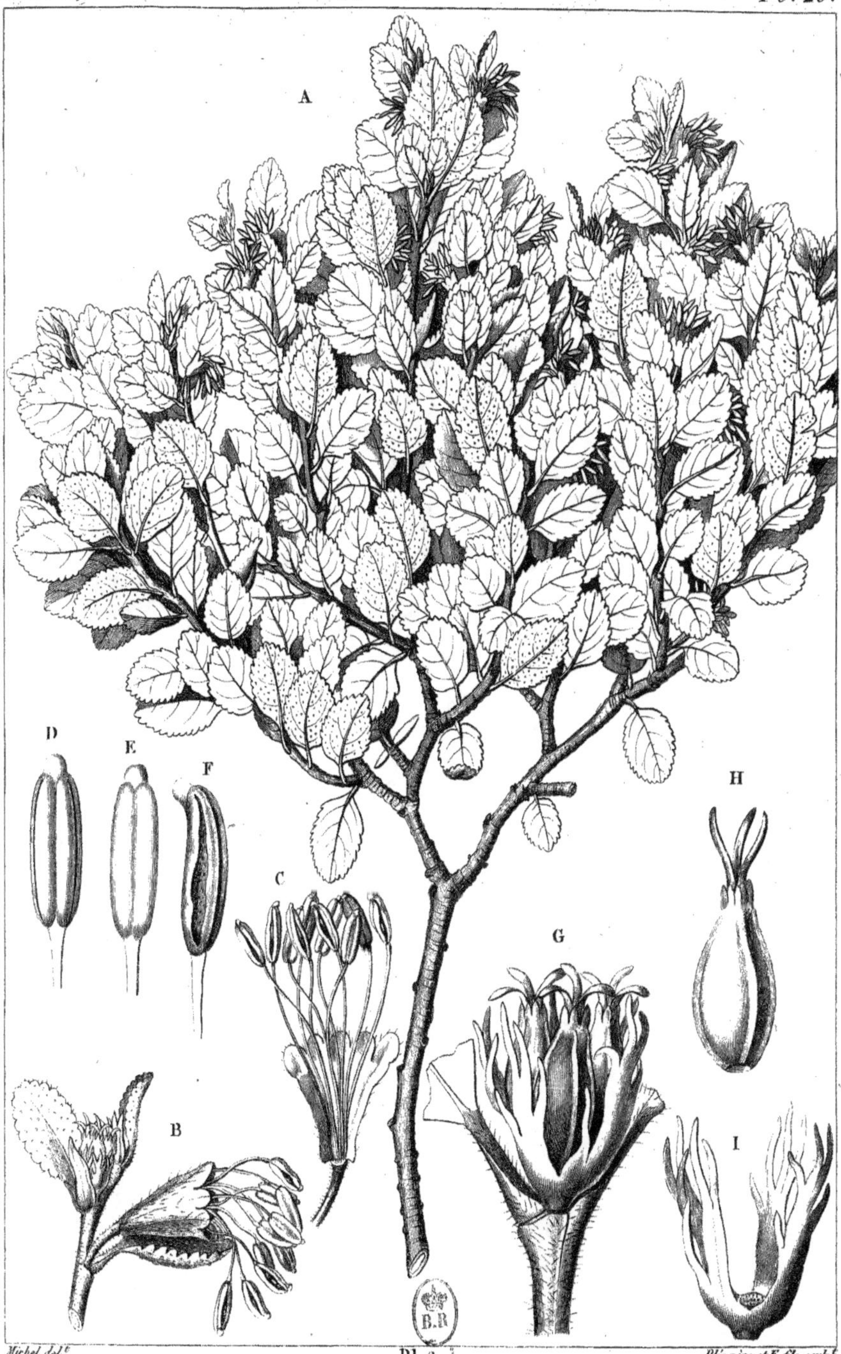

Pl. 6.

FAGUS BETULOÏDES.

Pl. 7.

FAGUS DUBIA.

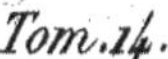

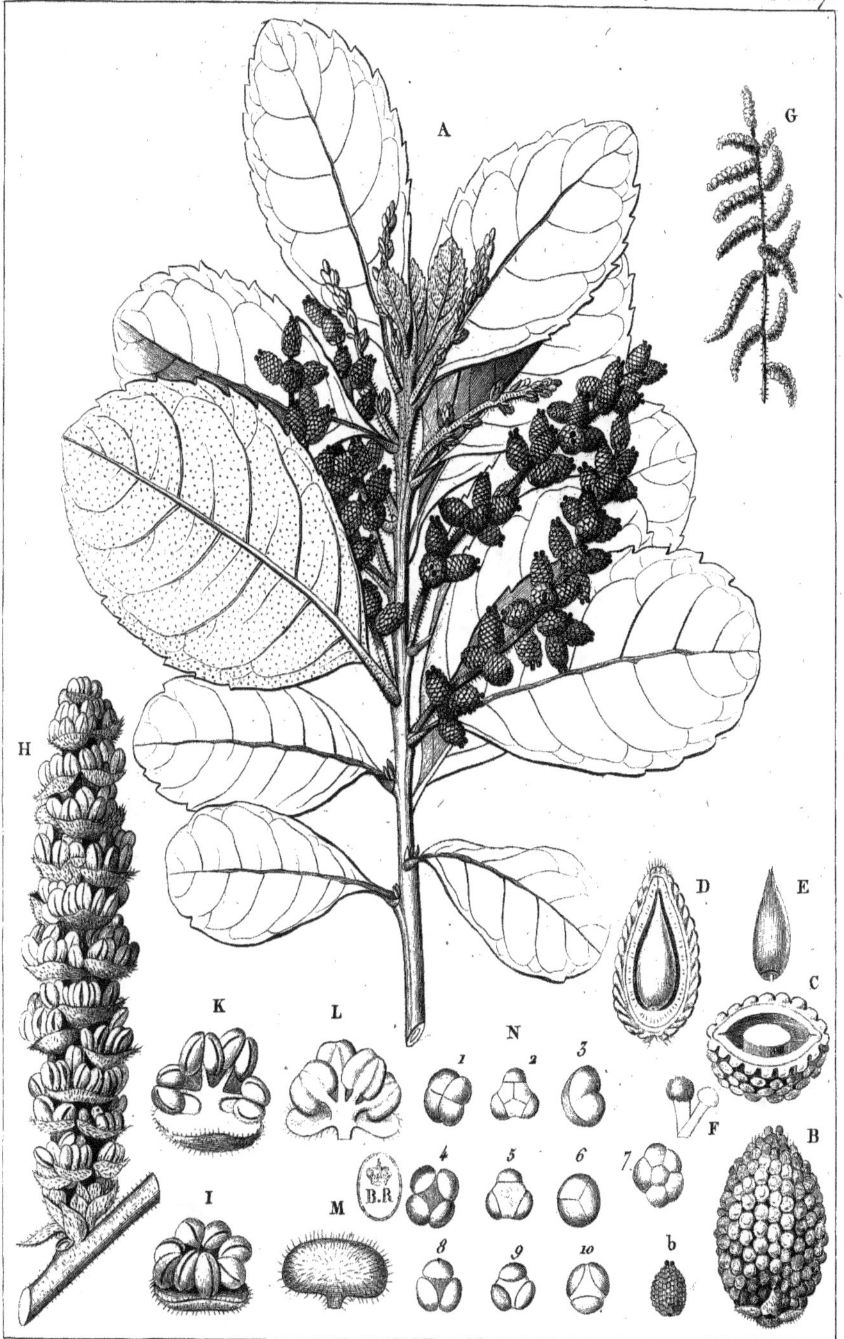

Mirbel delt.		Plée père et F. fils sculpt.

Pl. 8.

MYRICA MACROPHYLLA.

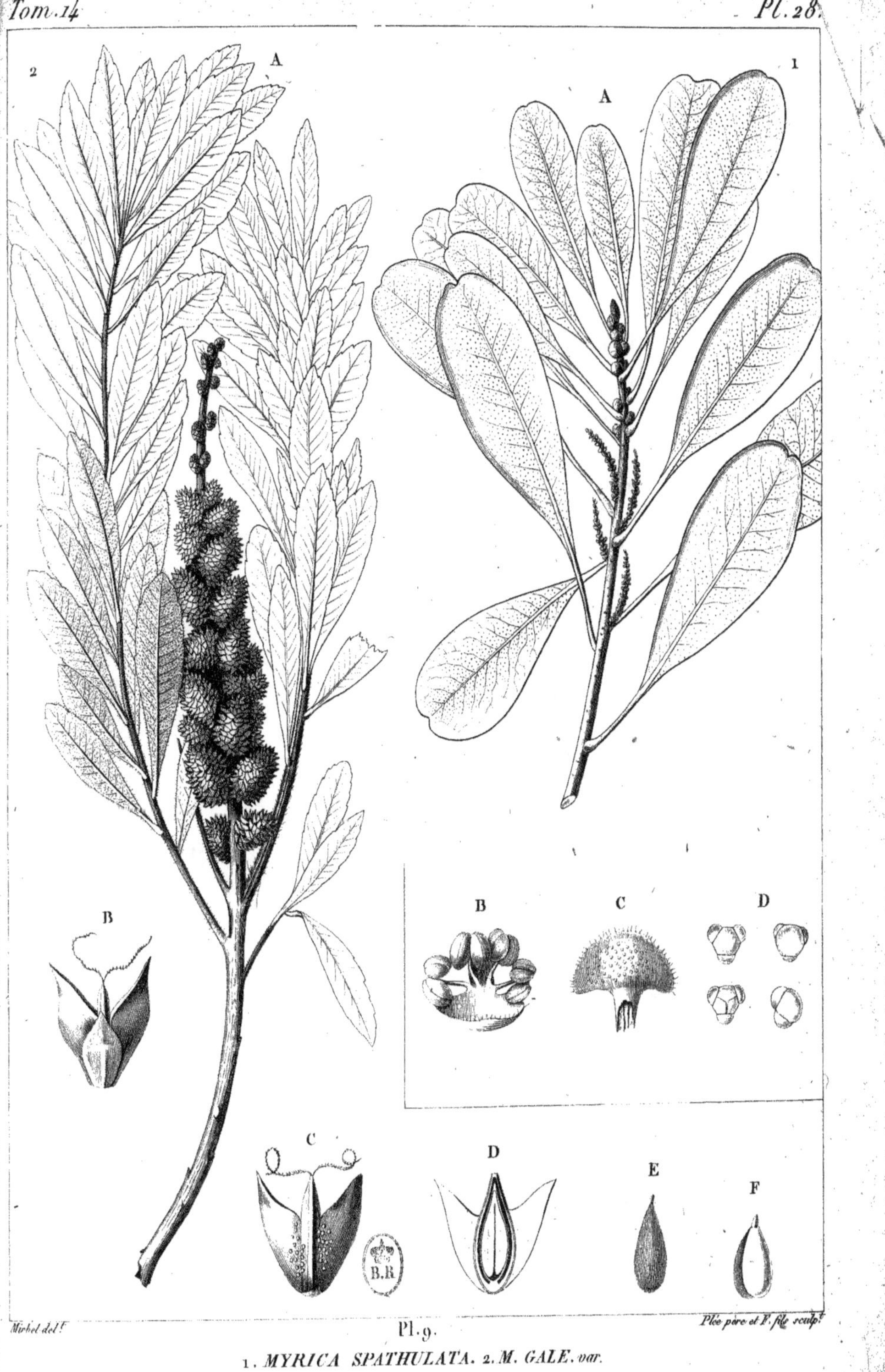

1. *MYRICA SPATHULATA.* 2. *M. GALE. var.*

TABLEAU COMPARATIF (T. 14, P. 366.)

De la Végétation phanérogame d'une partie de la Zone de transition tempérée (Palestine, Syrie, Asie mineure et Régions caucasiennes; pays de l'Afrique septentrionale et de l'Europe australe compris dans cette Zone); de la Zone tempérée (Europe moyenne jusqu'à l'Oural et la Caspienne, et contrées de la Tartarie voisines de cette mer); de la Zone de transition glaciale (Europe boréale, Sibérie et Kamtchatka); et de toute la Zone glaciale (Régions polaires de l'Ancien et du Nouveau Continent réunis).

FAMILLES.	ZONE DE TRANSITION TEMPÉRÉE.						ZONE TEMPÉRÉE.						ZONE DE TRANSITION GLACIALE.						ZONE GLACIALE.						Total des espèces de chaque famille, des quatre zones.
	Total des espèces de chaque famille.	Nombre des espèces ligneuses.	Nombre total des espèces herbacées.	Nombre des herbacées vivaces.	Nombre des herbacées annuelles et bisannuelles.	Rapport des familles à la totalité des espèces de la zone.	Total des espèces de chaque famille.	Nombre des espèces ligneuses.	Nombre total des espèces herbacées.	Nombre des herbacées vivaces.	Nombre des herbacées annuelles et bisannuelles.	Rapport des familles à la totalité des espèces de la zone.	Total des espèces de chaque famille.	Nombre des espèces ligneuses.	Nombre total des espèces herbacées.	Nombre des herbacées vivaces.	Nombre des herbacées annuelles et bisannuelles.	Rapport des familles à la totalité des espèces de la zone.	Total des espèces de chaque famille.	Nombre des espèces ligneuses.	Nombre total des espèces herbacées.	Nombre des herbacées vivaces.	Nombre des herbacées annuelles et bisannuelles.	Rapport des familles à la totalité des espèces de la zone.	
Typhinées / Aroïdées	22	»	22	22	»	0,002	10	»	10	10	»	0,002	8	»	8	8	»	0,003	»	»	»	»	»	»	25
Graminées	503	3	500	228	225	0,061	246	»	246	165	70	0,061	134	»	134	103	18	0,062	37	»	37	37	»	0,088	617
Cypéracées	195	»	195	164	15	0,023	275	»	275	269	6	0,069	90	»	90	89	1	0,042	33	»	33	33	»	0,071	265
Restiacées	»	»	»	»	»	»	»	»	»	»	»	»	1	»	1	1	»	»	»	»	»	»	»	»	1
Joncées	40	»	40	32	3	0,004	42	»	42	38	4	0,010	27	»	27	26	1	0,012	11	»	11	11	»	0,026	52
Alismacées	28	»	28	26	2	0,003	30	»	30	28	2	0,007	19	»	19	17	2	0,008	2	»	2	2	»	0,005	33
Asparaginées	28	12	16	16	»	0,003	11	1	10	10	»	0,003	8	»	8	8	»	0,003	»	»	»	»	»	»	31
Colchicées	12	»	12	12	»	0,001	9	»	9	9	»	0,002	4	»	4	4	»	0,001	2	»	2	2	»	0,005	16
Liliacées	180	»	180	180	»	0,021	78	»	78	78	»	0,020	38	»	38	38	»	0,018	1	»	1	1	»	0,002	207
Narcissées	40	»	40	40	»	0,004	11	»	11	11	»	0,002	»	»	»	»	»	»	»	»	»	»	»	»	42
Iridées	51	»	51	51	»	0,006	26	»	26	26	»	0,006	17	»	17	17	»	0,008	»	»	»	»	»	»	70
Orchidées	106	»	106	106	»	0,012	54	»	54	54	»	0,013	42	»	42	42	»	0,019	5	»	5	5	»	0,012	128
Hydrocharidées / Naïades	13	»	13	3	10	0,001	8	»	8	2	6	0,002	6	»	6	6	»	0,002	»	»	»	»	»	»	14
Balanophorées	1	»	1	1	»	»	»	»	»	»	»	»	»	»	»	»	»	»	»	»	»	»	»	»	1
Palmiers	3	3	»	»	»	»	»	»	»	»	»	»	»	»	»	»	»	»	»	»	»	»	»	»	3
Conifères	34	34	»	»	»	0,004	12	12	»	»	»	0,003	9	9	»	»	»	0,004	1	1	»	»	»	0,002	38
Amentacées	106	106	»	»	»	0,012	63	61	2	2	»	0,015	46	44	2	2	»	0,021	20	20	»	»	»	0,045	178
Ulmacées	8	8	»	»	»	0,001	3	3	»	»	»	0,001	»	»	»	»	»	»	»	»	»	»	»	»	9
Urticées	20	4	16	6	10	0,002	9	1	8	4	4	0,002	6	»	6	3	3	0,003	»	»	»	»	»	»	21
Euphorbiacées	103	13	90	49	26	0,011	38	1	37	28	9	0,009	11	»	11	5	6	0,005	»	»	»	»	»	»	112
Aristolochiées	16	3	13	»	»	0,002	2	»	2	2	»	»	2	»	2	2	»	0,001	»	»	»	»	»	»	16
Éléagnées / Santalacées	8	4	4	4	»	0,001	10	3	7	7	»	0,002	3	»	3	2	1	0,001	»	»	»	»	»	»	12
Thymélées	30	29	1	»	1	0,003	8	7	1	»	1	0,002	4	3	1	»	1	0,001	»	»	»	»	»	»	32
Laurinées	1	1	»	»	»	»	»	»	»	»	»	»	»	»	»	»	»	»	»	»	»	»	»	»	1
Polygonées	63	2	61	40	14	0,007	46	4	42	32	9	0,011	36	2	34	28	6	0,016	9	»	9	9	»	0,021	86
Chénopodées	104	43	61	4	53	0,011	126	15	111	11	96	0,031	47	6	41	3	38	0,022	»	»	»	»	»	»	166
Amaranthacées	17	2	15	1	14	0,002	5	»	5	»	5	0,001	2	»	2	»	2	0,001	»	»	»	»	»	»	18
Plantaginées	65	»	65	42	23	0,007	24	»	24	16	7	0,005	12	»	12	9	3	0,005	3	»	3	3	»	0,007	73
Plombaginées	57	9	48	35	3	0,006	21	2	19	17	2	0,005	17	3	14	10	1	0,008	1	»	1	1	»	0,002	71
Nyctaginées	3	1	2	2	»	»	»	»	»	»	»	»	»	»	»	»	»	»	»	»	»	»	»	»	3
Globulariées	10	4	6	6	»	0,001	3	»	3	3	»	0,001	»	»	»	»	»	»	»	»	»	»	»	»	10
Primulacées	65	»	65	45	15	0,007	56	»	56	47	9	0,014	30	»	30	27	3	0,013	11	»	11	9	2	0,025	109
Lentibulariées	10	»	10	10	»	0,001	8	»	8	8	»	0,002	9	»	9	9	»	0,004	2	»	2	2	»	0,005	14
Scrophularinées	298	7	290	143	106	0,036	150	»	150	103	42	0,037	93	»	93	78	15	0,043	23	»	23	20	3	0,054	365
Solanées	78	13	65	8	55	0,010	38	3	35	5	30	0,009	10	2	8	2	6	0,004	»	»	»	»	»	»	92
Gentianées	41	»	41	19	22	0,005	50	»	50	26	24	0,013	36	»	36	17	16	0,016	4	»	4	4	»	0,009	83
Apocynées	22	12	10	10	»	0,003	8	1	7	7	3	0,002	3	»	3	3	»	0,001	»	»	»	»	»	»	25
Acanthacées	4	»	4	4	»	0,001	»	»	»	»	»	»	»	»	»	»	»	»	»	»	»	»	»	»	4
Polémoniacées	1	»	1	1	»	»	1	»	1	1	»	»	2	»	2	2	»	0,001	2	»	2	2	»	0,004	3
Convolvulacées	48	10	38	25	9	0,005	11	»	11	7	4	0,003	7	»	7	3	4	0,003	»	»	»	»	»	»	52
Borraginées	192	18	170	67	57	0,023	80	»	80	33	40	0,020	48	»	48	31	15	0,022	2	»	2	2	»	0,005	252
Labiées	431	108	306	237	54	0,052	135	»	135	114	20	0,035	77	3	74	54	18	0,036	1	»	1	1	»	0,002	473
Verbénacées	4	1	3	2	1	»	1	»	1	1	»	»	1	»	1	1	»	»	»	»	»	»	»	»	4
Jasminées	19	19	»	»	»	0,002	2	2	»	»	»	»	»	»	»	»	»	»	»	»	»	»	»	»	19
Éricinées / Rhodoracées	37	32	5	5	»	0,004	28	21	7	7	»	0,007	32	24	8	8	»	0,015	27	23	4	4	»	0,063	61
Ébénacées	2	2	»	»	»	»	»	»	»	»	»	»	»	»	»	»	»	»	»	»	»	»	»	»	2
Campanulacées / Lobéliacées	128	»	128	67	41	0,015	56	»	56	44	12	0,014	16	»	16	14	2	0,007	3	»	3	3	»	0,007	146
Synanthérées	1168	36	1132	600	400	0,142	520	1	519	385	121	0,131	223	5	218	170	48	0,104	41	»	41	40	1	0,097	1450
Dipsacées	80	5	75	34	31	0,010	35	»	35	25	9	0,008	11	»	11	8	3	0,005	»	»	»	»	»	»	94
Valérianées	40	»	40	17	21	0,005	20	»	20	14	6	0,005	6	»	6	4	2	0,003	»	»	»	»	»	»	48
Rubiacées	112	7	105	62	34	0,014	64	»	64	51	11	0,016	23	»	23	19	2	0,010	»	»	»	»	»	»	140
Caprifoliacées	27	23	4	4	»	0,003	19	17	2	2	»	0,005	13	13	1	1	»	0,005	2	»	2	2	»	0,005	34
Ombellifères	368	6	362	220	100	0,045	182	»	182	135	43	0,045	74	»	74	62	8	0,030	3	»	3	3	»	0,007	443
Saxifragées	70	»	70	67	3	0,008	49	»	49	46	3	0,013	31	»	31	30	1	0,014	26	»	26	25	1	0,059	94
Portulacées	13	5	8	2	5	0,001	7	4	4	»	3	0,001	5	2	3	2	1	0,002	»	»	»	»	»	»	16
Paronychiées	31	3	28	17	8	0,004	14	1	13	6	7	0,003	3	»	3	2	2	0,001	»	»	»	»	»	»	32
Crassulées	80	3	77	40	19	0,009	36	1	35	21	14	0,009	15	»	15	12	3	0,007	4	»	4	2	2	0,009	91
Ribésiées	6	6	»	»	»	0,001	7	7	»	»	»	0,001	8	8	»	»	»	0,003	»	»	»	»	»	»	12
Pontiacées	1	1	»	»	»	»	»	»	»	»	»	»	»	»	»	»	»	»	»	»	»	»	»	»	1
Ficoïdées	8	2	6	»	6	0,001	1	»	1	»	»	»	»	»	»	»	»	»	»	»	»	»	»	»	9
Cucurbitacées	10	»	10	5	5	0,001	5	»	5	3	2	0,001	»	»	»	»	»	»	»	»	»	»	»	»	13
Onagraires	24	»	24	22	2	0,003	23	»	23	20	»	0,005	18	»	18	15	3	0,008	6	»	6	6	»	0,014	26
Myrthées	3	3	»	»	»	»	»	»	»	»	»	»	»	»	»	»	»	»	»	»	»	»	»	»	3
Salicariées	19	1	18	7	10	0,002	11	»	11	6	5	0,003	7	»	7	3	4	0,003	»	»	»	»	»	»	21
Rosacées	200	112	88	84	4	0,024	152	86	66	64	2	0,038	108	39	69	68	1	0,050	28	2	26	25	1	0,061	295
Légumineuses	975	245	720	271	370	0,119	283	54	229	140	86	0,070	155	20	135	120	14	0,072	16	»	16	16	»	0,038	1168
Térébinthacées	16	16	»	»	»	0,002	2	2	»	»	»	»	»	»	»	»	»	»	»	»	»	»	»	»	16
Rhamnées	30	30	»	»	»	0,003	13	13	»	»	»	0,003	5	5	»	»	»	»	»	»	»	»	»	»	35
Coriariées	1	1	»	»	»	»	»	»	»	»	»	»	»	»	»	»	»	»	»	»	»	»	»	»	1
Rutacées	36	11	25	17	7	0,004	6	»	6	5	1	0,001	2	»	2	2	»	0,001	»	»	»	»	»	»	39
Oxalidées	5	»	5	1	3	»	3	»	3	1	2	»	2	»	2	2	»	»	»	»	»	»	»	»	5
Balsaminées	1	»	1	1	»	»	1	»	1	1	»	»	1	»	1	1	»	»	»	»	»	»	»	»	1
Géraniacées	70	1	69	45	17	0,009	28	»	28	20	8	0,008	12	»	12	5	7	0,007	»	»	»	»	»	»	76
Ampélidées	1	1	»	»	»	»	1	1	»	»	»	»	»	»	»	»	»	»	»	»	»	»	»	»	1
Méliacées	1	1	»	»	»	»	»	»	»	»	»	»	»	»	»	»	»	»	»	»	»	»	»	»	1
Hippocastanées	1	1	»	»	»	»	»	»	»	»	»	»	»	»	»	»	»	»	»	»	»	»	»	»	1
Acérinées	9	9	»	»	»	0,001	5	5	»	»	»	0,001	2	2	»	»	»	0,001	»	»	»	»	»	»	10
Hypéricinées	39	14	25	25	»	0,004	12	»	12	12	»	0,003	5	»	5	5	»	0,002	»	»	»	»	»	»	41
Aurantiacées	2	2	»	»	»	»	»	»	»	»	»	»	»	»	»	»	»	»	»	»	»	»	»	»	2
Tiliacées	3	3	»	»	»	0,001	4	4	»	»	»	0,001	1	1	»	»	»	»	»	»	»	»	»	»	5
Malvacées	55	9	45	12	31	0,005	13	»	13	6	»	0,003	6	»	6	4	2	0,003	»	»	»	»	»	»	60
Linées	30	2	28	13	14	0,003	17	»	17	10	»	0,004	4	»	4	2	2	0,003	1	»	1	1	»	0,002	35
Caryophyllées	382	9	373	205	150	0,046	180	»	180	121	56	0,045	125	»	125	80	24	0,058	35	»	35	33	2	0,080	535
Frankéniacées	8	»	8	7	1	0,001	2	»	2	2	»	»	»	»	»	»	»	»	»	»	»	»	»	»	8
Polygalées	16	7	9	7	2	0,002	7	»	7	7	»	0,002	5	»	5	5	»	»	»	»	»	»	»	»	22
Droséracées	5	»	5	2	3	»	4	»	4	4	»	0,001	4	»	4	1	3	0,002	»	»	»	»	»	»	5
Violariées	18	1	17	15	2	0,002	24	»	24	23	»	0,006	19	»	19	18	1	0,009	2	»	2	2	»	0,005	39
Cistées	150	125	25	3	14	0,018	21	19	2	»	»	0,005	»	»	»	»	»	»	»	»	»	»	»	»	154
Capparidées	35	9	26	6	16	0,004	4	»	4	1	3	0,001	»	»	»	»	»	»	»	»	»	»	»	»	35
Crucifères	540	40	500	188	255	0,065	252	»	252	137	113	0,063	140	»	140	75	54	0,065	50	»	50	40	3	0,118	717
Tamariacées	22	»	22	12	8	0,003	12	»	12	6	6	0,003	16	»	16	14	2	0,007	1	»	1	1	»	0,002	37
Papavéracées	31	»	31	6	25	0,004	15	»	15	4	11	0,004	6	»	6	5	1	0,003	2	»	2	2	»	0,005	40
Nymphéacées	5	»	5	5	»	0,001	5	»	5	5	»	0,001	3	»	3	3	»	0,001	»	»	»	»	»	»	7
Berbéridées	6	3	3	3	»	0,001	2	»	2	1	»	»	2	2	»	»	»	0,001	»	»	»	»	»	»	8
Ménispermacées	1	1	»	»	»	»	»	»	»	»	»	»	»	»	»	»	»	»	»	»	»	»	»	»	2
Renonculacées	192	5	187	131	58	0,023	126	3	123	101	22	0,031	116	2	114	102	12	0,054	21	»	21	21	»	0,050	272
TOTAUX	**8193**	**1262**	**6898**	**3861**	**2373**		**3981**	**357**	**3625**	**2610**	**944**		**2129**	**193**	**1936**	**1511**	**362**		**437**	**46**	**391**	**371**	**15**		**10,292**